Plamena Nedeva Plachkova-Dzhurova

Über den Zusammenhang von Tragfähigkeitsmessergebnissen mit mechanischen Modellgrößen bei Asphaltstraßen

Karlsruher Institut für Technologie (KIT)

Veröffentlichungen
des Institutes für Straßen- und Eisenbahnwesen
Band 60

Herausgeber: Univ.-Prof. Dr.-Ing. Dr. h. c. Ralf Roos

Eine Übersicht aller bisher in dieser Schriftenreihe erschienenen Bände finden Sie am Ende des Buches.

Über den Zusammenhang von Tragfähigkeitsmessergebnissen mit mechanischen Modellgrößen bei Asphaltstraßen

von
Plamena Nedeva Plachkova-Dzhurova

Scientific Publishing

Dissertation, Karlsruher Institut für Technologie
Fakultät für Bauingenieur-, Geo- und Umweltwissenschaften
Tag der mündlichen Prüfung: 26. Februar 2014
Referenten: Univ.-Prof. Dr.-Ing. Dr.h.c. Ralf Roos
Univ.-Prof. Dr.-Ing. habil. Markus Oeser

Impressum

KIT Scientific Publishing

Karlsruher Institut für Technologie (KIT)
KIT Scientific Publishing
Straße am Forum 2
D-76131 Karlsruhe

KIT Scientific Publishing is a registered trademark of Karlsruhe Institute of Technology. Reprint using the book cover is not allowed.

www.ksp.kit.edu

Print on Demand 2016

ISSN 0344-970X
ISBN 978-3-7315-0269-2
DOI 10.5445/KSP/1000043258

Über den Zusammenhang von Tragfähigkeitsmessergebnissen mit mechanischen Modellgrößen bei Asphaltstraßen

Zur Erlangung des akademischen Grades einer

DOKTOR-INGENIEURIN

von der Fakultät für

Bauingenieur-, Geo- und Umweltwissenschaften

des Karlsruher Instituts für Technologie (KIT)

genehmigte DISSERTATION

von

Dipl.-Ing. Plamena Nedeva Plachkova-Dzhurova

aus Burgas

Tag der mündlichen Prüfung: 26. Februar 2014

Hauptreferent: Univ.-Prof. Dr.-Ing. Dr.h.c. Ralf Roos

Korreferent: Univ.-Prof. Dr.-Ing. habil. Markus Oeser

Karlsruhe 2014

Vorwort

Der größte Teil des Straßenverkehrs wird in Deutschland auf dem sehr gut ausgebauten Netz der Bundesfernstraßen abgewickelt. Und gerade für diese Straßen ist für die nächsten Dekaden noch eine Steigerung des Verkehrsaufkommens, insbesondere bezogen auf den Schwerverkehr, prognostiziert. Zur Erhöhung der Kapazität dieser Straßen ist vielfach ein Ausbau erforderlich, aber auch eine systematische Erhaltungsplanung ist hier von maßgeblicher Bedeutung, damit diese wichtigen Verkehrsadern ihre Funktion erfüllen können und das Investitionsgut Straße, das aus Steuergeldern finanziert wurde, für die Gesellschaft in seinem Wert erhalten bleibt.

In diesem Zusammenhang kommt der Bewertung der Tragfähigkeit einer Fahrbahnkonstruktion eine hohe Bedeutung zu: Sowohl beim Ausbau solcher Hochleistungsstraßen z.B. im Rahmen von Öffentlich-Privaten-Partnerschaften als auch bei der Erhaltungsplanung muss der vorhandene Substanzwert des betroffenen Streckenabschnittes bestimmt werden, wozu u.a. die Tragfähigkeit einzubeziehen ist. Zur netzweiten Beurteilung der Tragfähigkeit können zwischenzeitlich schnell fahrende Tragfähigkeitsmesssysteme eingesetzt werden, die einen relativen Vergleich von Streckenabschnitten und damit eine grobe Einschätzung der Tragfähigkeit ermöglichen und vor allem Unregelmäßigkeiten im Netz erkennen lassen. Für eine spezifische Beurteilung der Tragfähigkeit an einem konkreten Streckenabschnitt ist aber das erprobte, stationär arbeitende dynamische Messverfahren (Falling bzw. Heavy Weight Deflectometer; FWD bzw. HDW) unabkömmlich, bei dem ein Kraftimpuls auf die Fahrbahn aufgebracht wird und die kurzzeitigen reversiblen Verformungen der Fahrbahnoberfläche mit Geophonen in verschiedenen Abständen zum Lastzentrum gemessen werden. Aus den so erfassten Verformungs-Zeit-Verläufen werden die Maximalwerte der Verformung für die Beurteilung der Tragfähigkeit der Konstruktion herangezogen.

Bis heute gibt es allerdings noch eine gewisse Unsicherheit hinsichtlich der Bewertung und Einordnung der FWD- / HWD-Ergebnisse. So wird als einziger Indikator zur Analyse des Zustandes der gebundenen Schichten bei Asphaltkonstruktionen der Krümmungsradius im Lastzentrum genutzt. Dieser wird gemäß früherer Arbeiten an unserem Institut (u.a. Dissertation Jendia) durch einen empirischen Ansatz berechnet, für den es allerdings noch keinen Bewertungshintergrund gibt. Die Kenngröße Krümmungsradius im Lastzentrum ist zwar aus der Mechanik bekannt, über den tat-sächlichen Zusammenhang zwischen der empirischen und der mechanischen Kenngröße ist wis-senschaftlich jedoch kaum etwas belegt. Darüber hinaus gibt es weitere Fragestellungen u.a. zur Einordnung der Größe des Krümmungsradius, zu Einflussgrößen wie Temperatur und Belastung während der Messung oder zum Konfidenzbereich der empirischen Kenngröße in Abhängigkeit vom Berechnungsansatz.

Hier setzte Frau Dr. Plachkova-Dzhurova mit ihrer selbstbezogenen Forschung an und verfolgte das Ziel, mit Hilfe von mechanischen Ansätzen die Verformungen während des FWD- / HWD-Laststoßes und speziell den Krümmungsradius im Lastzentrum zu beschreiben sowie die Zusammenhänge mit den konventionellen Vorgehensweisen zu überprüfen. Hierbei wollte sie insbesondere die Unterschiede zwischen den Krümmungsradien in Abhängigkeit des verwendeten Berechnungsansatzes bzw. der getroffenen Annahmen darstellen.

Im Ergebnis konnte sie festhalten, dass die Verformungen im Lastzentrum bei FWD- / HWD-Messungen durch die Verformungen gemäß der rheologischen Modelle mit einem sehr hohen Bestimmtheitsmaß beschrieben werden. Weiterhin konnte sie mittels Regressionsanalysen zeigen, dass über ausgewählte mechanische Systeme ermittelte E-Moduln und Krümmungsradien mit denjenigen, berechnet über empirische Ansätze, tatsächlich (und deutlich) zusammenhängen. Auch wenn der relativ kleine verfügbare Datenumfang keine umfassenden statistischen Analysen erlaubte, konnten aber entscheidende Ansätze für die Bewertung von Tragfähigkeitsmessergebnissen mit Hilfe von rheologischen Modellen und damit abweichend von bisherigen linear-elastischen Annahmen erarbeitet werden. Dies ist auch ein wichtiger Schritt hin zu einem stabilen Bewertungshintergrund.

Bis ein solcher Bewertungshintergrund steht und Tragfähigkeitskenngrößen als Absolutwerte sicher beurteilt werden können, ist noch einiges an Forschungsarbeit zu leisten. Insbesondere ist der ausgewählte, vielversprechende mechanische Ansatz zu verifizieren und weiterzuentwickeln. Entscheidend ist dabei u.a. die wirksame Systemdicke einer Fahrbahnkonstruktion, d.h. die Tiefe unter dem Planum und die Randbedingungen, bei denen die Stoßbelastung des FWD / HWD noch einen Einfluss hat und Verformungen noch messbar sind. Bis dahin können für vergleichende Bewertungen mit hinreichender Aussagekraft die empirisch ermittelten Tragfähigkeitskenngrößen herangezogen werden, da sie nachweislich recht gut mit den mechanischen Kenngrößen korrelie-ren und in der Praxis einfacher zu berechnen sind.

Mit der vorliegenden Arbeit wurde Frau Dr. Plachkova-Dzhurova an der Fakultät für Bauingenieur-, Geo- und Umweltwissenschaften des Karlsruher Instituts für Technologie (KIT) mit sehr gutem Erfolg zur Dr.-Ing. promoviert. In diesem Zusammenhang ist dem verehrten Kollegen von der RWTH Aachen University, Herrn Univ.-Prof. Dr.-Ing. habil. Markus Oeser, für die Übernahme des Korreferates zu danken. Darüber hinaus gilt besonderer Dank dem Bundesministerium für Verkehr und digitale Infrastruktur, der Bundesanstalt für Straßenwesen und der Landesstelle für Straßentechnik Baden-Württemberg für die Förderung von Forschungsprojekten zu Tragfähigkeitsmessungen, aus denen die Daten für die vorliegende Arbeit stammen.

Karlsruhe, im Mai 2014
Univ.-Prof. Dr.-Ing. Dr.h.c. Ralf Roos

Kurzfassung

Über den Zusammenhang von Tragfähigkeitsmessergebnissen mit mechanischen Modellgrößen bei Asphaltstraßen

Die Tragfähigkeit von Asphaltbefestigungen spielt eine sehr wichtige Rolle bei der Bewertung der strukturellen Substanz. Das Falling Weight Deflectometer (FWD) bzw. das Heavy Weight Deflectometer (HWD) gehören in den letzten Jahrzehnten zu den führenden Tragfähigkeitsmessverfahren, die in Deutschland zum Einsatz kommen. Im Rahmen der Auswertung und der Analyse der erhobenen Daten werden Tragfähigkeitsindikatoren herangezogen, die zum Teil über empirische Ansätze und zum Teil über analytische Verfahren, unter der Annahme von linear-elastischem Verformungsverhalten der Schichten, gewonnen werden. Der sehr bedeutsame Indikator Krümmungsradius R0 im Lastzentrum wird dabei über empirische Ansätze ermittelt und für die Berechnung der Tragfähigkeitszahl Tz nach Jendia verwendet. Gleichzeitig weist er auf den Zustand der gebundenen Schichten hin [32, 4]. Unsicherheiten in der Vorgehensweise bei der Berechnung bestehen hinsichtlich der Größe der Diskrepanzen bei der Anwendung der unterschiedlichen Ansätze sowie der zugehörigen Streuungen in den Ergebnissen.

Die vorliegende Arbeit beschäftigt sich mit dem mechanischen Verformungsverhalten von Asphaltbefestigungen unter Belastung. Auf der Grundlage von HWD-Messdaten werden mechanische Ansätze für die Berechnung des Krümmungsradius entwickelt, so dass untersucht werden kann, inwieweit der empirische Berechnungsansatz den Krümmungsradius im mechanischen Sinne beschreibt. Dabei erfolgt zunächst eine iterative Rückrechnung der Materialparameter wie E-Moduln, Relaxations- und Retardationszeiten mit Hilfe von rheologischen Modellen (Kelvin-Voigt-Modell, Poyting-Thomson-Modell, Burgers-Modell und Kelvin-Voigt-Gruppe mit und ohne Feder). Hierfür werden geeignete Annahmen für die Randbedingugnen getroffen. Die Verformungen im Lastzentrum des HWD werden mit den Verformungen der rheologischen Modelle mit einem sehr hohen Bestimmtheitsmaß beschrieben. Anschließend wird der Krümmungsradius über ausgewählte mechanische Systeme von Platten und Balken als der reziproke Wert der Krümmung im Lastzentrum berechnet. Die so ermittelten E-Moduln und Krümmungsradien werden den empirisch berechnteten Krümmungsradien gegenübergestellt. Die Zusammenhänge zwischen den Krümmungsradien, ermittelt mit unterschiedlichen empirischen Ansätzen, werden ebenfalls untersucht. Aufgrund des relativ kleinen verfügbaren Datenumfanges werden keine umfassenden statistischen Analysen durchgeführt; die Zusammenhänge zwischen den Kenngrößen sind dennoch nach den einfachen Regressionsanalysen deutlich zu erkennen.

Mit der in der Arbeit beschriebenen Vorgehensweise konnten erste Ansätze für die Analyse von Tragfähigkeitsmessergebnissen mit Hilfe von rheologischen Modellen und damit abweichend von den bisherigen linear-elastischen Annahmen erarbeitet werden. Das Ergebnis dieser Berechnungen sind E-Moduln, die aufgrund der Annahmen für die Systemrandbedindungen zunächst für eine vergleichende Bewertung herangezogen werden können. Durch weiterführende grundlegende Untersuchungen und Verifizierung der Annahmen könnten zukünftig auch die Absolutwerte berücksichtigt werden, wenn ein stabiler Bewertungshintergrund erarbeitet worden ist.

Abstract

Correlation between bearing capacity measurement results and mechanical model item by asphalt pavement

The bearing capacity of asphalt pavement is very important for the assessment of structural health conditions. The Falling Weight Deflectometer (FWD) or the so called Heavy Weight Deflectometer test has been one of the most widely used tests for assessing the structural integrity of pavement systems in a non-destructive manner in the past few decades in Germany. Condition indicators are calculated from the surface deflection basins through partly empirical, partly analytical approaches assuming linear-elastic pavement properties. The indicator radius of curvature R0 at the centre of the loaded area is determined by empirical approaches and is very important for the determination of the bearing number Tz according to Jendia and is considered to be an indicator for the condition of the bonding layers [32, 4]. However, different methods were applied to calculate the data, leading to different results with different distribution, which may convey distinct assumption of the pavement condition.

The current thesis examines the mechanical deformation of flexible pavement under vertical load. Mechanical approaches for the computation of the radius of curvature R0 at the centre of the loaded area from HWD data were developed. By comparing the results with those from the commonly used empirical approaches it should be possible to examine to what extent the empirical approach describes the radius of curvature in mechanical sense. The measured deflections at the centre of the loaded area were used to backcalculate the elastic modulus, relaxation and retardation times in an iterative way using rheological models (Kelvin-Voigt-Model, Poyting-Thomson-Model, Burgers-Model and Kelvin-Voigt-Group with 5 elements with and without spring). For this purpose, appropriate assumptions about the boundary conditions have been made. By using those rheological models, the measured time sequence of the deflection in the centre of the loaded area of HWD are very well described with the deformations in the rheological models. The radius of curvature has been subsequently calculated based on four mechanical systems, consisting of beam or plate with different boundary conditions, as the reciprocal of the curvature at the centre of the loaded area. Subsequently those modulus and curvature radius are considered and compared, as mentioned before, with the radius of curvature computed using empirical approaches. The correlations between the results of diverse empirical approaches are compared. As a result of the limited availability of data no comprehensive statistical analyses were performed; nevertheless, the relationships between the parameters are clearly visible and the correlations between the calculated indicators are evident.

Based on the method described in this thesis, first attempts to analyze the results regarding the bearing capacity are presented using rheological models which are different from the currently used linear elastic assumptions. The results of these calculations are the E-Modules and other rheological parameters, which can be used for comparative assessments, until further investigations have been carried out which verify the applied assumptions. This would permit the development of new assessment standard.

Резюме

Връзка между резултатите от измерванията на носимоспособноста на асфалтови пътни настилки и механични показатели

Носимоспособността на асфалтовите настилки играе важна роля при оценката и обследване на състоянието на пътищата във връзка с избора на подходящи технологии за рехабилитация. Едно от водещите устройства което се използва за тази цел в Германия през последните десетилетия е дефлектометърът с падаща тежест (FWD / HWD). При анализа на резултатите се въвеждат показатели за носимоспособността, които се получават по емпирични или аналитични методи въз основа на измерените максимални стойности на повърхностните деформации на различни разстояния от центъра на падащата тежест. По този начин се предполага, че цялата конструкцията и отделните и пластове се държат изцяло линейно еластично. Радиусът R0 на вписаната окръжност в центъта на деформационната крива е според Джендиа много важен индикатор за състоянието на асфалтовите пластове и служи като междинен резултат при изчисляването на показателя за носимоспособността на цялата конструкция Tz [32,4]. Въпреки дългогодишни изследвания и натрупания опит в тази сфера все още съществува определена несигурност при употребата на тези показатели, тъй като големината на отклоненията в абсолютните стойности на резултатите, както и техните статистически разсейвания при използването на различни методи не са известни.

Този научен труд се занимава с механичната реакция на асфалтови пътни конструкции при натоварване. Въз основа на реални данни от измервания с HWD и основите на механиката, е разработен подход, с който радиусът R0 на вписаната окръжност в центъта на деформационната крива може да бъде изчислен и сравнен с резултати от емпиричните методи. За тази цел реакцията на конструкция от променливата с времето сила, която е в резултат от падащата тежест, се описва с помоща на функции на пълзене на различни реологични модели (Kelvin-Voigt-Modell, Poyting-Thomson-Modell, Burgers-Modell и група от 5 Kelvin-Voigt елемента с и без допълнителна пружина). Чрез итерация се определят параметрите на тези модели (модулите на еластичност, времето на релаксация и ретардация). По този начин протичането във времето на деформацията директно под центъра на тежеста може бъде описана с много висок коефициент на детерминация, като едновременно се взема под внимание, че асфалтовите пластове реагират в деиствителност не линейно-еластично, а вискозно-еластично. В последствие конструкцията се представя като механична система (греда или плоча), която се състои от изследвания вискозно-еластичен материал, чиито параметри са вече познати. С помоща на механични урав-нения деформационните криви на тези механични системи могат да бъдат изчислени. От кривината на огънатата ос под центъра на тежестта може да се се пресметне като реципрочна стойност радиусът R0. При анализата на резултатите се сравняват емпиричните стойностти на R0 както по между си, така и с модулите на еластичност и радиусите, които са получени чрез новите механични методи. Поради факта, че новият метод е приложен за сравнително малък набор от измерени данни, не са провеждани обстойни статистически анализи, но дори чрез употребения метод на линейна регресия връзката между резултатите може да бъде ясно показана.

Чрез описания подход за анализа на данни от дефлектометър с падаща тежест са поставени основите на нов метод за оценка носимоспособността на асфалтовите пътища, който позволява да се вземат предвид вискозно-еластичните свойства на асфалтовите пластове. Значителни резултати на анализа са материални стойности като модули на еластичност, чрез които могат на първо време да се сравняват различни конструкции по между си. За да могат да се използват и абсолютните стойностти за оценка структурата или като величини за изчисляването на остатъчния живот на конструкцията има нужда от по-нататъчни изследвания, при които направените предположения да бъдат уточнени.

В крайна сметка дефлектометърът с падаща тежест е устройство, което поради начина си на действие и достоверността, повторимостта и многостранността на резултатите, дори при по-нататъчно развитие на бързо-движещите се устроиства, ще продължава играе ключова роля при обследването и оценката на щетите по афалтовите и бетонови настилки.

Inhaltsverzeichnis

1 Einführung in die Thematik

1.1 Veranlassung und Ziel

In Anbetracht des sehr hohen Verkehrsaufkommens sowohl auf den Bundesfernstraßen als auch auf dem nachgeordneten Straßennetz sowie der weiter steigenden Verkehrsprognosen insbesondere bezogen auf den Schwerverkehr gewinnt eine zuverlässige Bewertung des strukturellen Zustandes bzw. eine nachhaltige Erhaltungsplanung des Investitionsgutes Straße immer mehr an Bedeutung. Um diese wichtige Aufgabe zu bewältigen, ist eine Vielzahl an Informationen notwendig, die nur in einem sehr begrenzten Umfang in Datenbanken festgehalten wurden und deshalb durch zusätzliche Untersuchungen nachträglich gewonnen werden müssen. Eine ganze Palette von zerstörenden und zerstörungsfreien Untersuchungsmethoden steht dabei zur Verfügung. In Abhängigkeit der aktuellen Fragestellung können durch Kombination unterschiedlicher Verfahren wirtschaftlich und effizient die notwendigen Daten erhoben werden. Die Bewertung der Tragfähigkeit spielt dabei oft eine sehr wichtige Rolle. Im Arbeitspapier Tragfähigkeit, Teil A [20] werden die Messverfahren beschrieben, die zurzeit in Deutschland zur Anwendung kommen. Das Falling Weight Deflectometer (FWD) bzw. das Heavy Weight Deflectometer (HWD) gehören dabei zu den am häufigsten verwendeten.

Das Falling Weight Deflectometer (FWD) ist ein dynamisches Messverfahren, bei dem ein Kraftimpuls auf die Fahrbahnbefestigung aufgebracht wird und die kurzzeitigen reversiblen Oberflächenverformungen in verschiedenen Abständen vom Lastzentrum mit Geophonen gemessen werden. Aus den so erfassten Verformungs-Zeit-Verläufen werden die Maximalwerte der Verformung für die Analyse der Tragfähigkeit der gesamten Befestigung oder von Teilen davon herangezogen. Das sogenannte Heavy Weight Deflectometer (HWD) ist eine Weiterentwicklung des Falling Weight Deflectometers (FWD), so dass höhere Kräfte bis zu 250 kN aufgebracht werden können.

Trotz der vielseitigen Verwendung des Messverfahrens besteht immer noch eine gewisse Unsicherheit hinsichtlich der Bewertung der Ergebnisse. Auf der Basis der von Jendia [32] und Grätz [25] entwickelten Ansätze werden die Asphaltkonstruktionen hinsichtlich ihrer Tragfähigkeitseigenschaften analysiert und bewertet. Hierfür stehen Tragfähigkeitsindikatoren bzw. (mechanische) Tragfähigkeitskennwerte zur Verfügung, die Informationen über den Zustand der ungebundenen Schichten bzw. der gesamten Straßenbefestigung liefern sollen. Der einzige Indikator für den Zustand der gebundenen Schichten ist der Krümmungsradius R0 im Lastzentrum, der z.B. nach Jendia als Zwischenwert für die Bewertung durch einen empirischen Ansatz berechnet wird und für den es noch keinen Bewertungshintergrund gibt.

Die Kenngröße Krümmungsradius im Lastzentrum kommt aus der Mechanik und wird dort als der reziproke Wert der Krümmung κ definiert. Diese wird in Abhängigkeit der Randbedingungen und der Lastannahmen für die zugrunde gelegten Systeme (Platten oder Balken mit unterschiedlichen Auflagerreaktionen) mit Hilfe von mechanisch abgeleiteten Ansätzen berechnet. Aufgrund dieser Herleitung gilt ein großer Krümmungsradius als ein Hinweis auf eine große Steifigkeit der gebundenen Schichten [32, 4]. Weiterhin können hiervon Informationen über den Schichtenverbund gewonnen werden [4]. Über die tatsächliche Verbindung der empirischen mit der mechanischen Kenngröße sind jedoch in der Literatur keine weiteren Untersuchungsergebnisse bzw. Erläuterungen zu finden. Des Weiteren ist nicht definiert, was als ein „großer“ bzw. „kleiner“ Krümmungsradius gilt, wie dieser durch die Temperatur und die Belastung beeinflusst wird und inwieweit der Zustand der ungebundenen Schichten eine Rolle spielt. Vordergründig stellen sich noch die Fragen nach der Größe der Diskrepanzen bei der Berechnung mit unterschiedlichen vorliegenden Ansätzen einschließlich der zugehörigen Streuungen in den Ergebnissen, inwieweit der empirische Berechnungsansatz den Krümmungsradius im mechanischen Sinne beschreibt und welche Konsequenzen dies für die Bewertung hat.

Ziel der Arbeit ist es, den Krümmungsradius, der zurzeit mit einem empirischen Ansatz berechnet wird, zunächst als mechanische Kenngröße zu beschreiben. Unter Berücksichtigung der viskoelastischen Eigenschaften von Asphaltbefestigungen soll ein geeigneter, mechanisch begründeter Berechnungsansatz hergeleitet werden, so dass letztendlich durch diesen verlässliche, vergleichende Aussagen über die aktuelle Tragfähigkeit der Asphaltschichten getroffen werden können. Ein wesentlicher Teil der Betrachtungen zielt darauf, die Unterschiede zwischen den Krümmungsradien in Abhängigkeit des verwendeten Ansatzes bzw. der getroffenen Annahmen darzustellen und den Zusammenhang zwischen den empirisch und den mechanisch berechneten Krümmungsradien zu hinterfragen.

1.2 Vorgehensweise

Um die empirisch hergeleitete Kenngröße R0 mit mechanischen Zusammenhängen erklären zu können, werden zunächst in Kap. 2 die Grundlagen des mechanischen Verformungsverhaltens der Asphaltbefestigung unter Belastung und die Möglichkeiten, dieses zu beschreiben, dargelegt. Die Messung der Tragfähigkeit als ein Werkzeug zur Bewertung des momentanen Straßenzustandes spielt eine sehr wichtige Rolle. Der Umgang mit den Ergebnissen und deren Interpretation werden kritisch analysiert. Das Hauptaugenmerk liegt dabei auf der Bewertung der gebundenen Schichten.

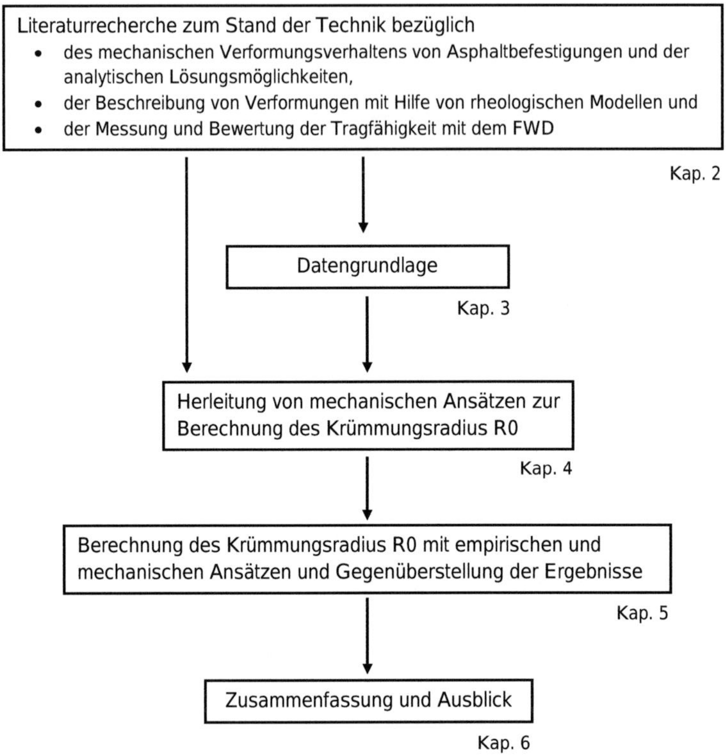

Abb. 1.1: Schematische Darstellung der Vorgehensweise

Die Herleitung der Berechnungsansätze erfolgt auf der Grundlage von reellen, gemessenen Verformungen an drei Strecken in Asphaltbauweise Zeile 1, Tafel 1 der RStO 01 [14], die in Kap. 3 beschrieben werden.

In Kap. 4 werden die Möglichkeiten zur Berechnung des Krümmungsradius aufgezeigt. Die konventionellen empirischen Ansätze werden durch einen geometrischen Ansatz ergänzt, mit dem unabhängig von den Regressionsgleichungen für die Anpassung der Deflexionsmulde der Krümmungsradius R0 im Lastzentrum berechnet werden kann.

Bei der mechanischen Betrachtungsweise werden die theoretischen rheologischen Modelle in Kombination mit ausgewählten mechanischen Systemen für die Beschreibung des Lastfalls des FWDs eingesetzt. Dabei werden die Stoffkennwerte durch Iteration bestimmt. Die Krümmung κ im Lastzentrum ist demnach in Form einer geschlossenen Gleichung definierbar bzw. lösbar.

Die rückgerechneten Stoffkenngrößen und die Krümmungsradien werden in Kap. 5 analysiert. Einflussgrößen wie Temperatur und Höhe des Kraftstoßes werden dabei berücksichtigt. Anschließend erfolgen Analysen der Zusammenhänge zwischen den berechneten Krümmungsradien und den Materialkennwerten sowie zwischen den empirisch berechneten Krümmungsradien und den mechanischen Kenngrößen mit dem Ziel, einen Berechnungsansatz für die mechanisch einwandfreie Berechnung des Krümmungsradius im Lastzentrum zu definieren, mit dem eine zuverlässige Bewertung der Tragfähigkeit der gebundenen Schichten des Oberbaus möglich wird.

Kap. 6 enthält abschließend eine Zusammenfassung der Erkenntnisse und Empfehlungen für weiterführende Untersuchungen.

2 Stand von Wissenschaft und Technik

Zur Darstellung der analytischen Grundlagen des mechanischen Verhaltens von Asphaltkonstruktionen unter Belastung werden zum einen die wichtigsten analytisch-empirischen Bemessungsmodelle zur Charakterisierung des Spannungs-Dehnungs-Zustandes der gesamten Befestigung und zum anderen die rheologischen Modelle zur Beschreibung des komplexen temperatur- und belastungsabhängigen Verformungsverhaltens von Asphalt erläutert.

Des Weiteren werden das FWD-Messverfahren sowie die Möglichkeiten zur Handhabung der Messergebnisse vorgestellt, wobei das Hauptaugenmerk auf der Bewertung der Tragfähigkeitseigenschaften der bituminös gebundenen Schichten liegt.

Anschließend sollen die dargestellten Grundlagen für die weitere Arbeit kritisch betrachtet werden.

2.1 Mechanisches Verformungsverhalten relevanter Baustoffe

2.1.1 Verformungsverhalten von Asphalt

Der Baustoff Asphalt kann sich in Abhängigkeit der Temperatur, Belastungsart, -größe und -dauer elastisch, plastisch und / oder viskos verhalten. Dieses komplexe Verhalten wird maßgeblich durch das Bindemittel bestimmt und durch weitere Randbedingungen wie Art und Menge der Gesteinskörnung, Hohlraumgehalt, Alter sowie Ermüdungsstatus beeinflusst. In Abb. 2.1 ist beispielsweise die Temperaturabhängigkeit des Verformungsverhaltens grafisch dargestellt. Entsprechend den Randbedingungen treten letztendlich mit der Zeit unterschiedliche Schadensmechanismen wie Kälterisse, Ermüdung oder

Spurrinnen auf. Um dieses Verhalten zu beschreiben werden verschiedene Modelle verwendet.

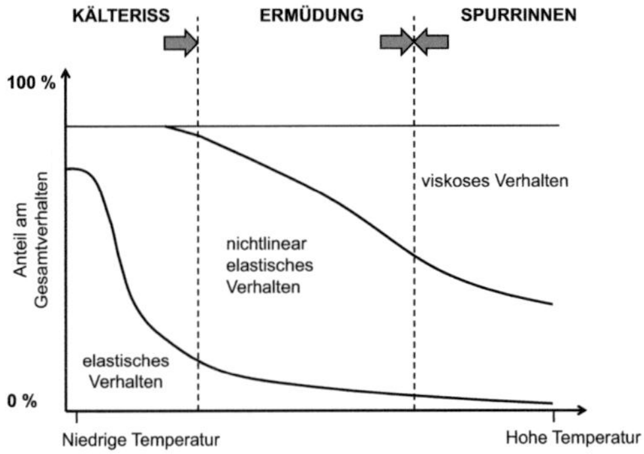

Abb. 2.1: Temperaturabhängiges Verhalten von Asphaltbefestigungen [5]

Bei der Beschränkung auf kleine (infinitesimale) Verzerrungen kann die Formulierung von Stoffgesetzen stark vereinfacht werden. Bei tiefen Temperaturen und kurzzeitigen Belastungen reagiert Asphalt nahezu elastisch. Unter der Annahme, dass es sich gleichzeitig um einen isotropen homogenen Körper handelt, gilt das Hook'sche Gesetz in seiner allgemeinen Form:

$$\varepsilon_{ij} = \begin{cases} \frac{1}{2G}\,\sigma_{ij} & i \neq j \\ \frac{3\sigma_{ij} - \sigma_{kk}}{6G} - \frac{\sigma_{kk}}{9K} & i = j \end{cases} \tag{2.1}$$

$$\varepsilon_{kk} = \frac{1}{3K}\,\sigma_{kk} \tag{2.2}$$

Mit:

ε_{ij}	die Verzerrungen für $i \neq j$ bzw. die Normaldehnungen für $i = j$
σ_{ij}	die Schubspannungen für $i \neq j$ bzw.
	die Normalspannungen für $i = j$
G	der Schubmodul
K	der Kompressionsmodul

Die Indizes i und j bezeichnen die Richtungen der Achsen des kartesischen Koordinatensystems x_1, x_2 und x_3 (Abb. 2.2). Dabei stellt der erste Index bei der Spannung σ_{ij} die Richtung der Normalen der Fläche dar, und der zweite die Richtung der Spannung. Analog sind die Indizes der Verzerrungen ε_{ij} zu deuten.

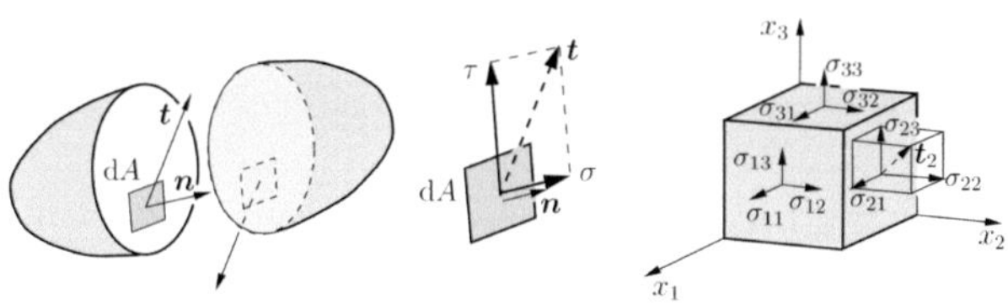

Abb. 2.2: Räumlicher Spannungszustand [26]

Der Zusammenhang zwischen dem E-Modul E und der Querdehnzahl μ kann mit den folgenden Gleichungen beschrieben werden:

$$E = \frac{9KG}{3K + G} \tag{2.3}$$

$$\mu = \frac{3K - 2G}{2(3K + G)} \tag{2.4}$$

Diese Beziehungen gelten auch für zeitabhängige Größen $\sigma_{ij}(t)$ und $\varepsilon_{ij}(t)$, wenn es sich um quasistatische Vorgänge handelt, d.h. wenn die Trägheitskräfte unberücksichtigt bleiben können [30].

Während die Elastizität eine Festkörpereigenschaft ist, beschreibt die Viskosität das Verhalten einer sogenannten Newton'schen Flüssigkeit. In diesem Fall entsteht durch die innere Reibung zwischen den strömenden Schichten eine Spannung, die der Verformungsgeschwindigkeit ($\dot{\varepsilon}_{ij}$), d.h. der Schergeschwindigkeit, proportional ist. Der entsprechende Proportionalitätsfaktor ist die Viskosität η. Analog der Gl. 2.1 und Gl. 2.2 gilt:

$$\dot{\varepsilon}_{ij} = \begin{cases} \frac{1}{2\eta_G}\,\sigma_{ij} & i \neq j \\ \frac{3\sigma_{ij} - \sigma_{kk}}{6\eta_G} + \frac{\sigma_{kk}}{9\eta_K} & i = j \end{cases} \tag{2.5}$$

$$\dot{\varepsilon}_{kk} = \frac{1}{3\eta_K} \tag{2.6}$$

wobei η_G die Scherviskosität und η_K die Volumenviskosität ist.

Der einachsige Spannungs-Dehnungs-Zusammenhang lässt sich im linear-elastischen Bereich, unabhängig von der Querdehnzahl und dem Kompressionsmodul, mit dem Hook'schen Gesetz wie folgt beschreiben:

$$\sigma = E \cdot \varepsilon \tag{2.7}$$

Entsprechend gilt für den viskosen Fall:

$$\tau = \eta \cdot \dot{\gamma} \tag{2.8}$$

Mit:

τ	Schubspannung
$\dot{\gamma} = \partial\gamma/\partial t$	Schergeschwindigkeit

Anlalog der Gl. 2.7 kann die Gl. 2.8 wie folgt umgeschrieben werden:

$$\tau = G \cdot \gamma \tag{2.9}$$

Wenn sich ein Festkörper unter der Einwirkung von äußeren Kräften sowohl elastisch als auch viskos verformt bzw. fließt, wird er als viskoelastisch bezeichnet. Bei steigenden Temperaturen und kleineren Belastungsgeschwindigkeiten überwiegt bei Asphalt das viskoelastische Verhalten. Dies führt dazu, dass kein E-Modul im eigentlichen Sinne existiert, sondern mit einem E-Modul-Äquivalent gearbeitet wird, beispielsweise dem Betrag des komplexen E-Moduls, der in Abhängigkeit der Temperatur und Belastungsfrequenz zwischen 200 MPa und 30.000 MPa schwanken kann. Typische viskoelastische Effekte sind Kriech- und Relaxationserscheinungen.

Durch das sogenannte Korrespondenzprinzip können Beziehungen aus der Elastizitätstheorie auf die Theorie viskoelastischer Stoffe übertragen werden.

Bei hohen Temperaturen und längerer Belastungsdauer kommt es bei Asphalt zu irreversiblen d.h. plastischen Verformungen, die jedoch für die vorliegende Arbeit nicht relevant sind und deshalb an dieser Stelle nicht weiter erläutert werden ([3] bzw. Kap. 2.3.2).

2.1.2 Verhalten der ungebundenen Schichten

In der ersten Betriebsphase nach dem Neubau (der Konsolidierungsphase) erfahren die ungebundenen Schichten, d.h. der Untergrund / Unterbau sowie die Tragschichten ohne Bindemittel, in Abhängigkeit der Beanspruchung größere bleibende Verformungen. In der Beharrungsphase dagegen wird ein elastisches bzw. ein linear-elastisches Verformungsverhalten vorausgesetzt. Dabei gelten die Annahmen über die Homogenität und Isotropie dieser Schichten. Auf diesen Grundlagen existieren zahlreiche Verfahren zur Berechnung des geschichteten Halbraumes (s. Kap. 2.2.2). Mit zunehmender Anzahl an Lastwechselzahlen können die plastischen Verformungsanteile wieder zunehmen.

Bei einer ungebundenen Schicht werden die Spannungen über das Korngerüst übertragen bzw. abgebaut. Aufgrund des Fehlens eines

Bindemittels kann sie fast keine Zugspannungen aufnehmen. Das Materialverhalten wird maßgeblich vom Wassergehalt sowie der Form und den mechanischen Eigenschaften der Gesteinskörnung beeinflusst. Die Temperatur, sofern es sich nicht um Minusgrade bei eingedrungenem Wasser in der Konstruktion handelt und die Belastungsdauer haben kaum einen Einfluss auf die Materialeigenschaften. Bei einer Druckbelastung wird die Kontaktfläche zwischen den Körnern größer, was zu einem größeren Widerstand und somit zu nichtlinear-elastischem Verformungsverhalten führt. Um dies zu beschreiben, sind verschiedene Stoffmodelle für Lockergesteine entwickelt worden, die Numrich in seiner Dissertation [39] vorstellt und erläutert. Dabei ist die Bestimmung der Modellparameter oft sehr aufwändig. Bei der Anwendung des sogenannten Dresdner Modells werden in Abhängigkeit der Dicke der Asphaltschichten bzw. der Temperatur Spannungen auf der Oberkante der ToB ermittelt, die zwischen 53 und 145 % der Ergebnisse bei der Annahme linear-elastisches Verformungsverhalten der ungebundenen Schichten betragen. Bei großen Asphaltdicken und niedrigen Temperaturen ist der Einfluss der ToB geringer.

2.2 Berechnung des Spannungs-Verformugsverhaltens einer Asphaltkonstruktion

2.2.1 Beschreibung der Belastung

Die Art der Belastung (statisch oder dynamisch) ist aufgrund des viskoelastischen Materialverhaltens ausschlaggebend für die Reaktion der Asphaltbefestigung. Bei einer dynamischen Belastung sind neben der Größe die Form und die Dauer des Kraftimpulses von erheblicher Bedeutung. So sind bei langsamen Geschwindigkeiten und höheren Achslasten größere bzw. länger andauernde Verformungen zu erwarten. Die allgemeine Bewegungsgleichung lautet:

$$M \cdot \ddot{u}(t) + D \cdot \dot{u}(t) + K \cdot u(t) = p(t) \tag{2.10}$$

Mit:

M	Massenmatrix
$\ddot{u}(t)$	Beschleunigungsvektor
D	Dämpfungsmatrix
$\dot{u}(t)$	Geschwindigkeitsvektor
K	Steifigkeitsmatrix
$u(t)$	Verformungsvektor
$p(t)$	Kraftvektor

Bei statischer Belastung treten rein elastische Reaktionskräfte $K \cdot u(t)$ auf, die der Deformation proportional sind. Bei einer dynamischen Belastung durch eine zeitlich veränderliche Kraft $p(t)$ wirken zusätzlich als Resultat der Beschleunigung und der Geschwindigkeit der Verformung noch die Trägheitskraft $M \cdot \ddot{u}(t)$ und die Dämpfungskraft $D \cdot \dot{u}(t)$. Diese haben einen erheblichen Einfluss auf die Amplitude der Vertikalverformung sowie auf die Phasenverschiebung zwischen dieser und der Kraft. Wird die Straße mit einem Stoß belastet, dann breitet sich ein Großteil der seismischen Energie in Form von Oberflächenwellen in relativ großen Entfernungen aus, der Rest pflanzt sich als halbkugelförmige Kompressions- und Scherwellen in den Halbraum fort [2].

Eine statische Betrachtung kann bei einer konstanten statischen Belastung sowie näherungsweise bei Fahrzeuglasten mit Geschwindigkeiten, die kleiner als die Geschwindigkeit sind, mit der sich die seismischen Transversalwellen in der Befestigung ausbreiten, erfolgen. Bei geschichteten Systemen ist die Schicht mit dem niedrigsten E-Modul, d.h. geringsten Geschwindigkeit, maßgebend [11, 30]. Mit der Mach-Zahl $M_T = v/v_T$ ist das Verhältnis der Lastgeschwindigkeit zur Geschwindigkeit der Rayleighwellen definiert (Abb. 2.3).

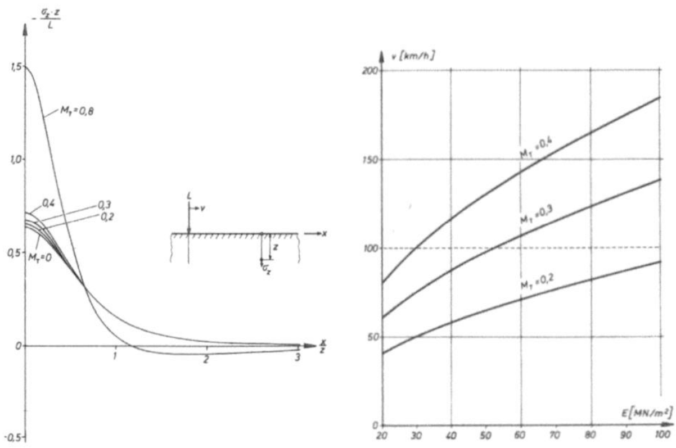

Abb. 2.3: Einflusslinien für σ_z bei verschiedenen Mach-Zahlen M_T (links) und der Zusammenhang zwischen der Fahrgeschwindigkeit und dem E-Modul des Halbraumes ($\mu = 0,5$, Spez. Gew. $= 20kN/m^3$) (rechts) [30]

Bis zu einer Mach-Zahl von 0,3 ist die Trägheitswirkung der Befestigung ähnlich wie im statischen Lastfall ($M_T = 0$). Umgerechnet bedeutet dies, dass bei einer Fahrgeschwindigkeit bis 100 km/h statisch gerechnet werden darf [30]. Diese Feststellung ist bei der Verwendung von elastostatischen Theorien bei bewegten Lasten von großer Bedeutung.

2.2.2 Analytische Verfahren

Für die rechnerische Ermittlung der Spannungen und Dehnungen in der Befestigung infolge statischer Belastung stehen mehrere Modelle zur Verfügung. Massen- und Dämpfkräfte werden dabei nicht berücksichtigt. Im Allgemeinen wird zwischen Ein-, Zwei- oder Mehrschichtensystemen unterschieden, wobei die einzelnen Schichten als elastisch, isotrop und homogen angenommen werden. Die einzelnen Berechnungsmodelle wurden im Laufe der Jahre weiterentwickelt und angepasst. Einen Überblick gibt die Reihe B der Arbeitspapiere zur Dimensionierung von Verkehrsflächenbefestigungen der FGSV [16, 17, 18].

Das Einschichtsystem bzw. die unterste Schicht bei den Mehrschichtensystemen ist seitlich und nach unten unendlich ausgedehnt - der sogenannte Halbraum. Die Berechnungsverfahren können wie folgt in drei Hauptgruppen unterteilt werden:

- Halbraumtheorie
- Mehrschichtentheorie
- Plattentheorie

Halbraumtheorie

Ungeschichtete linear-elastische Systeme können vereinfacht als ein seitlich und nach unten unendlich ausgedehnter Halbraum dargestellt werden (Abb. 2.4).

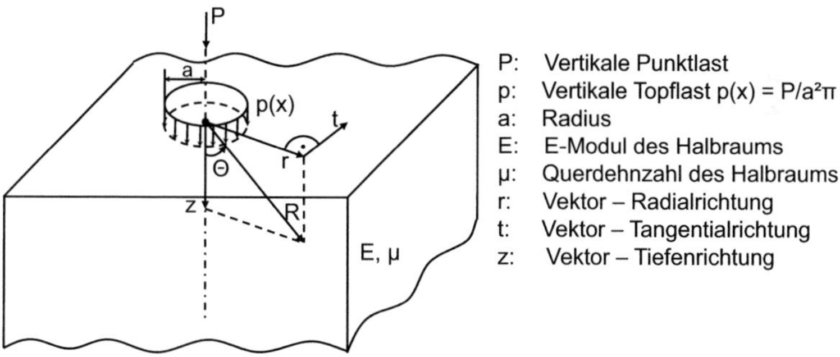

Abb. 2.4: Elastisch isotroper Halbraum [16]

Die infolge einer Einzelkraft auftretenden Spannungen und Verformungen können mit Hilfe der Boussinesq-Gleichungen [6] in jedem beliebigen Punkt des elastisch isotropen Halbraums berechnet werden. Bei anderen Belastungsformen werden die Kenngrößen entweder durch Integration ermittelt oder aus Tabellenwerken entnommen. Für die Spannungen und Verformungen in der Lastachse, die durch eine kreisförmige Flächenlast hervorgerufen werden, gelten die folgenden Gleichungen:

$$\sigma_z = p\left(1 - \frac{z^3}{(a^2+z^2)^{3/2}}\right) \tag{2.11}$$

$$\sigma_r = \frac{p}{2}\left((1+2\mu) - \frac{2(1+\mu)\,z}{(a^2+z^2)^{1/2}} + \frac{z^3}{(a^2+z^2)^{3/2}}\right) \tag{2.12}$$

$$w = \frac{(1+\mu)\,p\,a}{E}\left(\frac{1}{(1+\Phi^2)^{1/2}} + (1-2\mu)((1+\Phi^2)^{1/2} - \Phi)\right) \tag{2.13}$$

$$R = \frac{E\,a}{(1-\mu^2)\,p}\,f(\Phi) \tag{2.14}$$

$$f(\Phi) = \frac{(1+\Phi^2)^{5/2}}{1+(1+\frac{3}{2\,(1+\mu)})\,\Phi^2} \tag{2.15}$$

$$\Phi = \frac{z}{a} \tag{2.16}$$

Mit:

E	Elastizitätsmodul des Halbraumes [MPa]
μ	Querdehnzahl [-]
p	Kontaktdruck [N/mm^2]
a	Radius der Belastung [mm]
z	Tiefe [mm]
σ_z	Vertikalspannung [N/mm^2]
σ_r	Radialspannung [N/mm^2]
w	Einsekung [mm]
R	Krümmungsradius [mm]

Dabei sind die Spannungen bzw. die Spannungsverteilung unabhängig vom E-Modul des Halbraumes.

Die Halbraumtheorie wird zur Auswertung des Plattendruckversuches herangezogen, mit welchem die Tragfähigkeit bzw. die E-Moduln des Untergrundes bzw. des Unterbaus abgeschätzt werden können. Aufgrund der seitlich unendlichen Ausdehnung können randnahe Lastfälle jedoch nicht untersucht werden.

Mehrschichtentheorie

Bei der Darstellung der Straße als ein Mehrschichtensystem können eine oder mehrere Asphaltschichten sowie hydraulisch gebundene oder ungebundene Schichten als seitlich unendlich ausgedehnte, aufeinander liegende Schichten mit unterschiedlichen Eigenschaften dargestellt werden (Abb. 2.5).

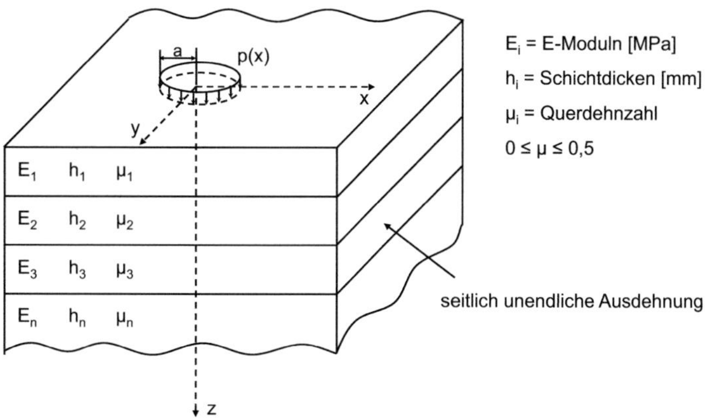

Abb. 2.5: Mehrschichtensystem [16]

Die unterste Schicht ist der sowohl seitlich als auch nach unten unendlich ausgedehnte elastisch-isotrope Halbraum. Die entsprechenden Gleichungen für Zwei- und Dreischichtensysteme unter einer axialsymmetrischen Belastung wurden von Burmister [9] aufgestellt. Diese wurden dann für unterschiedliche Randbedingungen numerisch ausgewertet und die Ergebnisse (vertikale und horizontale Spannungen, Dehnungen, Verschiebungen in und außerhalb der Lastachse) wurden in zahlreiche Tabellenwerke zusammengefasst [8, 34, 36]. Die einzelnen Schichten können dabei entweder fest miteinander verbunden sein, oder reibungslos aufeinander liegen. Dies spielt vorwiegend bei der Verteilung der radialen Biegespannungen eine große Rolle: bei fehlendem Schichtenverbund werden diese nicht in die darunterliegenden Schicht übertragen. In der Schichtgrenze entstehen keine radialen oder horizontalen Scherspannungen, jedoch radiale und tangentiale Schichtgrenzverschiebungen [19].

Es gibt eine Vielzahl an Software, bei der die Mehrschichtentheorie implementiert ist. In Abhängigkeit der Eingangswerte werden zwei Gruppen unterschieden. Die erste Gruppe führt eine Vorwärtsberechnung durch, d.h. die Materialkennwerte (E-Moduln, Querdehnzahl etc.) und die Randbedingungen wie Belastungsform und -größe, Angaben zum Schichtenverbund, Schichtdicken etc. sind bekannt und daraus werden die auftretenden Spannungen, Dehnungen und Verformungen/Einsenkungen in bzw. auf der Asphaltkonstruktion berechnet ($BISAR^{©}$). Die zweite Gruppe von Software führt eine Rückwärtsanalyse durch, d.h. ausgehend von der Verformung werden die Materialparameter durch Iteration angepasst, so dass die berechnete Verformung möglichst gut der tatsächlich gemessen angenähert wird ($PAVERS^{©}$). Dabei gilt in den beiden Fällen, je weniger Schichten, desto genauer ist die Berechnung. Erfahrungsgemäß wird die Anzahl der Schichten auf drei begrenzt, indem die Schichten mit ähnlichen Steifigkeiten zusammengefasst werden. Dabei sind die Ergebnisse aus diesen Berechnungen stets kritisch zu hinterfragen, da sie aufgrund von verschiedenen Startwerten und Abbruchkriterien bei den unterschiedlichen Mehrschichtenprogrammen zum Teil deutlich voneinander abweichen können [4].

Durch die sogenannte **Äquivalenztheorie** kann ein Mehrschichtensystem in einen homogenen Halbraum umgerechnet werden. Dabei wird die Äquivalenzdicke einer Befestigung ermittelt, deren E-Modul dem des Untergrundes / Unterbaus und deren Verformungsverhalten dem des Mehrschichtensystems entspricht. Diese Methode benutzt auch Jendia [32], um aus Gl. 2.13 und Gl. 2.14 die Tragfähigkeitszahl Tz für die Bewertung der Tragfähigkeit der gesamten Asphaltbefestigung abzuleiten (Kap. 2.4.2). Für die Ermittlung der Äquivalenzdicke können beliebig viele Schichten herangezogen werden. Werden nur die gebundenen Schichten in eine Schicht überführt, so können die Spannungen und Verformungen vereinfachend auf der Grundlage der nachfolgend beschriebenen Plattentheorie berechnet werden.

Plattentheorie

Die Plattentheorie ist in der aktuellen Fassung der Arbeitspapiere zur Dimensionierung von Verkehrsflächenbefestigungen, Teil B2 [17], erläutert. Dieses Berechnungsverfahren eignet sich für Bauweisen mit endlichen seitlichen Abmessungen, wie dies z.B. bei Betonfahrbahnen der Fall ist; sie wird aber auch oft für die Asphaltbauweise verwendet (Kap. 2.4.3). Dabei wird vereinfacht angenommen, dass die Platte im Vergleich zur Unterlage sehr steif ist und dass ihre Dicke gegenüber der Breite und der Länge klein ist. Der Untergrund kann entweder als elastisch-isotroper Halbraum (Abb. 2.6, links) oder als Federlagerung (Winkler'sches Baugrundmodell, Bettungstheorie nach Westergaard) dargestellt werden (Abb. 2.6, rechts).

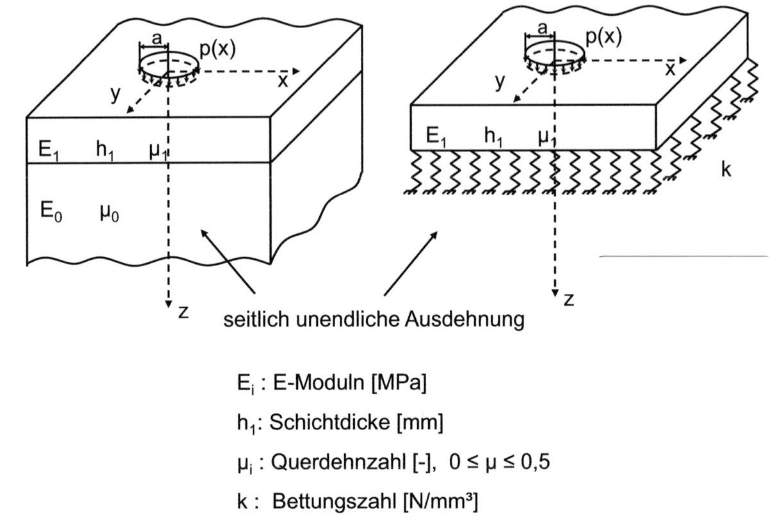

Abb. 2.6: Plattentheorie [17]

Grundsätzlich werden drei Lastfälle unterschieden: Plattenrand, Plattenmitte und Plattenecke. Wenn es sich aber um die Berechnung einer Asphaltbefestigung handelt, ist der nur Lastfall „Plattenmitte“ maßgebend. Für die Belastung durch eine Topflast gilt bei der Anwendung der Kirchhoff'schen Theorie die Differentialgleichung der Durchbiegung:

$$\Delta\,\Delta\, w = \frac{p-q}{K} \tag{2.17}$$

Mit:

K	Plattensteifigkeit [Nmm], $K = M_1 \cdot \frac{h^3}{12}$
M_1	Schichtmodul der Platte [N/mm^2], $M_1 = \frac{E_1}{1-\mu_1^2}$
p	vertikale Belastung [N/mm^2], $p = \frac{F}{\pi\, r_0^2}$
r_0	Radius der Lastplatte [mm]
Δ	LAPLACE-Operator

im kartesischen KOS: $\Delta = \frac{\delta^2}{\delta x^2} + \frac{\delta^2}{\delta y^2}$
im rotationssym. KOS: $\Delta = \frac{\delta^2}{\delta r^2} + \frac{1}{r}\frac{\delta}{\delta r} + \frac{\delta^2}{\delta z^2}$

q Belastungsdruck (Sohldruck) in [N/mm²]

Für den Baugrund gilt die Winkler'sche Annahme:

$$w = q\,/\,k \tag{2.18}$$

wobei k die Bettungszahl darstellt. Dabei ist die Verschiebung w in jedem Punkt der Platte unabhängig von der Tiefe, d.h. die Dicke ändert sich nicht und die Querschnitte, die vor der Verformung senkrecht zur Mittelebene stehen, bleiben auch danach senkrecht dazu. Die Durchbiegungsfläche der Platte auf elastischer Bettung wurde von Westergaard [45] ermittelt.
Die Gleichungen nach Westergaard wurden mehrmals korrigiert. Der Hauptkritikpunkt liegt nach Goldschmidt [24] darin, dass die Lastverteilung über die Plattendicke nicht gut abgebildet werden kann und dadurch die analytischen Ergebnisse von den Messergebnissen abweichen.
Für das Modell einer Platte auf elastisch-isotropem Halbraum, die durch eine kreisförmige Streckenlast mit dem Radius r_0 belastet wird, kann nach [47] die folgende Integralgleichung für die Berechnung der Verformung angewendet werden [17, 47]:

$$w = \frac{P\,l^2}{2\,K}\,H_w(r/l) \tag{2.19}$$

$$H_w(r/l) = \frac{2\,l}{\pi\,r_0}\int_0^\infty \frac{J_1(\lambda\,\delta)\,J_0(\lambda\,x)\,d\lambda}{\lambda\,(1+\lambda^3)} \tag{2.20}$$

Mit:

P vertikale Kraft [N]
l elastische Länge [mm]
$l = \sqrt[3]{\frac{2K}{M_0}}$

M_0	Schichtmodul des elastisch-isotropen Halbraums $M_0 = \frac{E_0}{1-\mu_0^2}$
$\delta = \frac{r_0}{l}$	mit r_0 Radius der Belastungsfläche in [mm]
K	Plattensteifigkeit [Nmm]
$x = \frac{r}{l}$	mit r Abstand vom Lastzentrum in [mm]
J_0 *und* J_1	Bessel'sche Funktionen erster Gattung, 0er- bzw. 1er-Ordnung

Ein Sonderfall der Kirchhoff'schen Plattengleichung (Gl. 2.17) entsteht, wenn eine horizontale Abmessungen der Platte sehr viel kleiner als die andere ist. In diesem Fall entspricht die Plattensteifigkeit D mit $\mu = 0$ der Biegesteifigkeit EI eines Balkens mit Rechteckquerschnitt, bezogen auf die Balkenbreite. Die Berechnung der Spannungen und Verformungen in diesem System erfolgt mit Hilfe der sogenannten **Balkentheorie**. Dabei gelten weiterhin die Bernoullischen Annahmen über das Ebenbleiben der Querschnitte nach der Verformung. Die Differentialgleichung der Biegelinie eines beidseitig gelagerten Balkens wird dann analog der Gl. 2.17 wie folgt dargestellt:

$$w'' = -\frac{M}{EI} \tag{2.21}$$

Für gerade Biegung kann die axiale Dehnung einer beliebigen Stelle des Querschnittes gemäß Abb. 2.7 und die kinematische Beziehung nach Gl. 2.22 durch den Krümmungsradius der verformten Balkenachse ausgedrückt werden.

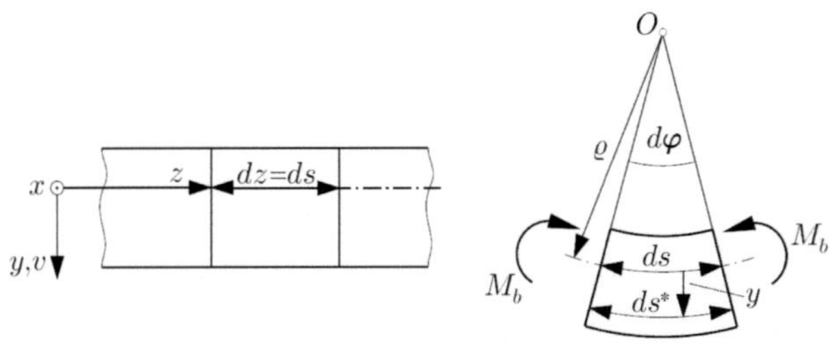

Abb. 2.7: Biegeverformung eines Balkenelements [1]

$$\varepsilon_z = \frac{ds^* - ds}{ds} = \frac{(\varrho + y)\,d\varphi - \varrho\,d\varphi}{\varrho\,d\varphi} = \frac{y}{\varrho} \tag{2.22}$$

Dabei ist ds die differenzielle Bogenlängenänderung und $d\varphi$ die differenzielle Tangentenwinkeländerung. Der Krümmungsradius einer bis zur zweiten Ordnung differenzierbaren Funktion ist durch die Gl. 2.23 definiert (Abb. 2.8).

$$ds = \varrho\,d\varphi \tag{2.23}$$

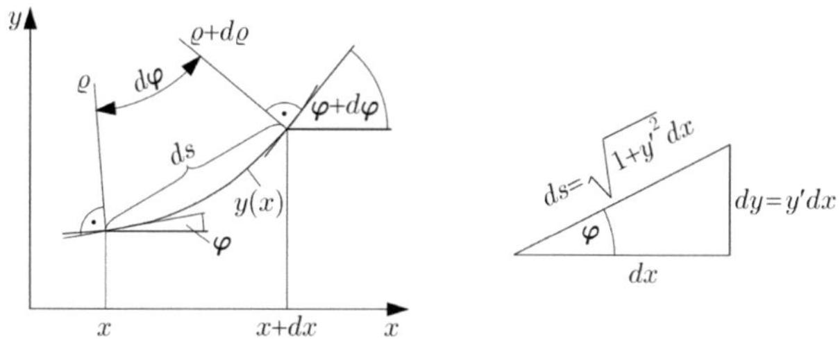

Abb. 2.8: Zur Berechnung des Krümmungradius [1]

Aus Abb. 2.8 ist ersichtlich, dass der Krümmungsradius ϱ senkrecht zur Tangente im jeweiligen Punkt steht. Mit den Beziehungen $\varphi = \arctan y'$ und $y' = dy/dx$ sowie dem Satz von Pythagoras gilt:

$$\frac{1}{\varrho} = \frac{d\varphi}{ds} = \frac{d\varphi}{dx} \cdot \frac{dx}{ds} = \frac{y''}{1+y'^2} \cdot \frac{1}{\sqrt{1+y'^2}} = \frac{y''}{(1+y'^2)^{3/2}} \tag{2.24}$$

Die rechte Seite der Gl. 2.24 beschreibt die Krümmung der Kurve. Wenn die betrachteten Durchbiegungen viel kleiner als die Balkenlänge sind, gilt die Annahme, dass die Balkenverdrehungen sehr klein sind ($|\varphi| << 1$) und somit $|w'| \approx |\varphi| << 1$ gilt. Damit ergibt sich in Kombination mit Gl. 2.22 und Gl. 2.21 die Differenzialgleichung der Biegelinie zu:

$$\frac{1}{\varrho} = -w'' = \frac{M_b}{EI} \tag{2.25}$$

Mit:

ϱ	Krümmungsradius
w''	Biegelinie
M_b	Biegemoment
EI	Biegesteifigkeit

2.3 Asphaltrheologie

Die in Kap. 2.2.2 beschriebenen analytischen Verfahren setzen voraus, dass das Verformungsverhalten der Schichten dem eines linearelastischen Stoffes entspricht. Für eine weiterführende Betrachtung der viskoelastischen, viskoplastischen und der plastischen Verformungsanteile können wie nachfolgend beschrieben rheologische Modelle eingesetzt werden.

2.3.1 Rheologische Grundelemente

Zur Beschreibung des Verformungsverhaltens von Stoffen bei unterschiedlichen zeitabhängigen Beanspruchungen werden Modelle angewendet, die aus rheologischen Grundelementen zusammengestellt sind. Dabei werden die elastischen, plastischen und viskosen Anteile durch die entsprechenden Elemente in Abb. 2.9 abgebildet.

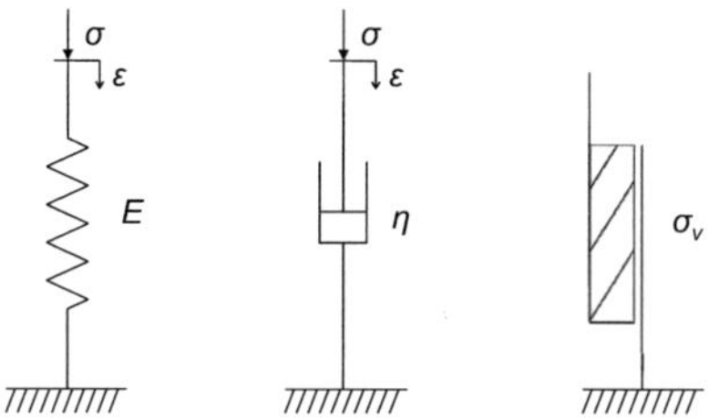

Abb. 2.9: Rheologische Grundelemente: die Hook'sche Feder (links), der Newton'sche Dämpfer (mitte) und das St.-Venant-Reibelement (rechts)

Das ideal-elastische Stoffverhalten wird durch die Hook'sche Feder dargestellt. Deren Steifigkeit wird durch ihren E-Modul charakterisiert, so dass bei einer Spannung σ die Dehnung ε hervorgerufen wird. Nach der Entlastung sind die Verformungen vollkommen reversibel, d.h. die Feder kehrt in ihren Ausgangszustand zurück.
Das viskose Fließverhalten wird durch den Newton'schen Dämpfer beschrieben, der sich bei Belastung wie der Kolben eines mit viskoser Flüssigkeit gefüllten Zylinders verhält, der durch seine Dehnviskosität η charakterisiert wird (Kap. 2.1.1). Nach vorangegangener Belastung werden die Verformungen nur zum Teil zurückgebildet.
Das plastische Verhalten wird durch das St.-Venant-Reibelement charakterisiert. Dabei tritt eine Verformung erst nach dem Erreichen einer bestimmten Spannung σ_v ein. Die eingetretenen Verformungen sind irreversibel.
Durch Kombination dieser Elemente können deren Eigenschaften überlagert und so unterschiedlichste Materialeigenschaften und Versuchsabläufe nachgebildet werden.

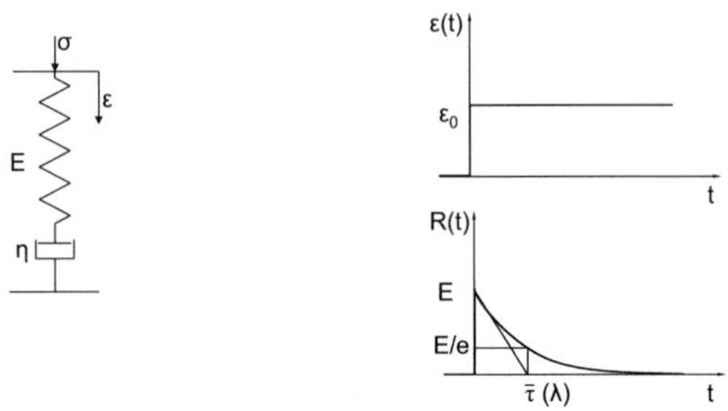

Abb. 2.10: Schematische Darstellung des Maxwell-Modells (links) sowie des Verlaufs der Relaxationsfunktion bei konstanter Dehnung (rechts)

Das Maxwell-Modell (Abb. 2.10) entsteht durch die Reihenschaltung von Feder und Dämpfer und beschreibt das viskoelastische Verhalten einer Flüssigkeit [26]. Wenn zum Zeitpunkt $t = 0$ sprunghaft eine Dehnung $\varepsilon = \varepsilon_0$ aufgezwungen wird, dann reagiert die Feder sofort und die Spannung $\sigma_0 = E \cdot \varepsilon_0$ baut sich auf. Die Verformungen des Dämpfers nehmen mit der Zeit mit einer konstanten Verformungsgeschwindigkeit $\dot{\varepsilon} = \dot{\sigma}/\eta$ zu, so dass bei konstant gehaltener Gesamtdehnung ε_0 die Verformung der Feder zurückgeht und die Spannung abgebaut wird, d.h. das Modell *relaxiert.* Aufgrund der Reihenschaltung ist die Spannung in den beiden Elementen gleich und die Dehnungen werden superponiert. Damit ergibt sich das Stoffgesetz:

$$\sigma + \bar{\tau}\dot{\sigma} = \eta\dot{\varepsilon} \tag{2.26}$$

Dabei ist $\bar{\tau} = \eta/E$ die sogenannte *Relaxationszeit* (in der Literatur auch mit λ bezeichnet). Diese Zeitkonstante charakterisiert das zeitabhängige Verhalten der Elemente und stellt die Zeit in der Relaxationsphase dar, bei welcher die Spannung um 63,2 % abgesunken ist [37].

Wegen $\dot{\varepsilon}(t) = 0$ für $t > 0$ folgt aus Gl. 2.26:

$$\sigma + \bar{\tau}\dot{\sigma} = 0 \tag{2.27}$$

Nach Integration und unter Berücksichtigung der Anfangsbedingung $\sigma(0) = E \cdot \varepsilon_0$ ergibt sich die Spannung zu:

$$\sigma(t) = \varepsilon_0 E e^{-t/\bar{\tau}} \tag{2.28}$$

Die sogenannte *Relaxationsfunktion* zeigt das zeitliche Abklingen der Spannung und ergibt sich damit zu:

$$R(t) = \frac{\sigma(t)}{\varepsilon_0} = E e^{-t/\bar{\tau}} \tag{2.29}$$

Wird eine konstante Spannung $\sigma = \sigma_0$ zum Zeitpunkt $t = 0$ aufgebracht, dann wird die Gl. 2.26 nach der Dehnung gelöst:

$$\varepsilon(t) = \sigma_0 \left(\frac{1}{E} + \frac{t}{\eta} \right) \tag{2.30}$$

Die sogenannte *Kriechfunktion* zeigt das zeitliche Abklingen der Dehnung und folgt aus Gl. 2.30 zu:

$$J(t) = \frac{\varepsilon(t)}{\sigma_0} = \frac{1}{E} + \frac{t}{\eta} \tag{2.31}$$

Nach der Entlastung zum Zeitpunkt t_0 werden die elastischen Verformungsanteile rückgebaut, die viskosen bleiben erhalten.

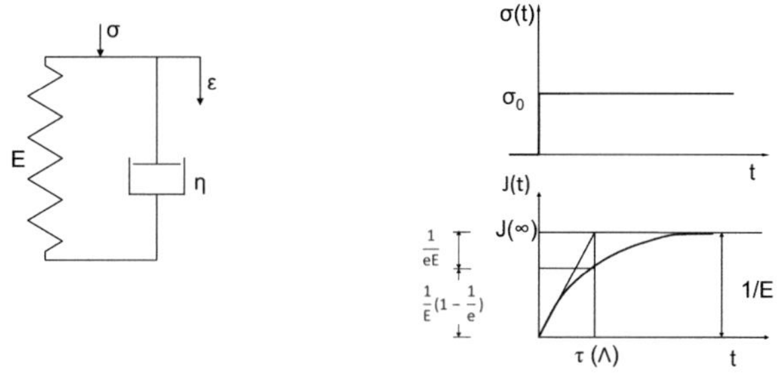

Abb. 2.11: Schematische Darstellung des Kelvin-Voigt-Modells (links) sowie des Verlaufs der Kriechfunktion bei konstanter Spannung (rechts)

Werden diese beiden Elemente parallelgeschaltet, so entsteht das sogenannte Kelvin-Voigt-Modell (Abb. 2.11, links), welches das viskoelastische Verformungsverhalten eines Feststoffes beschreibt. Bei Belastung hindert der Dämpfer die Feder, sich wie beim Maxwell-Modell sofort zu verformen. Die Dehnungen ε bzw. die Dehngeschwindigkeit $\dot{\varepsilon}$ in den beiden Elementen bleiben gleich und nehmen mit der Zeit zu; die Spannungen können addiert werden. Die entsprechende Materialdifferenzialgleichung folgt dadurch zu:

$$\sigma = E(\varepsilon + \tau\dot{\varepsilon}) \tag{2.32}$$

Entsprechend der Relaxationszeit $\bar{\tau}$ in Gl. 2.26 beschreibt die Retardationszeit mit $\tau = \eta/E$ (in der Literatur auch mit Λ bezeichnet) das zeitliche Deformationsverhalten der parallel geschalteten Elemente. Sowohl das Deformations- als auch das Rückdeformationsverhalten werden durch diese bestimmt. In der Kriecherholungsphase beträgt z.B. die Verformung beim Erreichen von τ nur noch 36,8 % des Maximalwertes [37].

Nach Lösung des Stoffgesetzes (Gl. 2.32) und mit der Anfangsbedingung $\varepsilon(0) = 0$ ergibt sich der Dehnungsverlauf zu:

$$\varepsilon(t) = \frac{\sigma_0}{E}\left(1 - e^{-t/\tau}\right) \tag{2.33}$$

und damit die Kriechfunktion:

$$J(t) = \frac{\varepsilon(t)}{\sigma_0} = \frac{1}{E}\left(1 - e^{-t/\tau}\right) \tag{2.34}$$

Nach der Entlastung wird durch das Bestreben der Feder, sich zurück zu verformen, das gesamte Modell in den Ausgangszustand gebracht, so dass bei einer Beschreibung durch das Kelvin-Voigt-Modell keine bleibenden Verformungen zu erwarten sind.

Der Dehnungsverlauf eines Kelvin-Voigt-Modells ähnelt dem von kaltem Asphalt: Bei längerer Belastung tritt ein elastischer Endzustand σ_0/E ein. Durch dieses Modell können Kriechversuche und durch das Maxwell-Modell entsprechend Relaxationsversuche beschrieben werden.

Um das komplexe Materialverhalten von Asphalt zu beschreiben, sind i.d.R. diese einfachen Modelle allein unzureichend. Zu diesem Zweck werden mehrere Modelle und Grundelemente zu verallgemeinerten Modellen kombiniert.

2.3.2 Rheologische Modelle für Asphalt

Für lineare Standardkörper gilt das Modell von Poyting-Thomson, das aus einem Kelvin-Voigt-Modell und einer Feder besteht, die in Reihe geschaltet sind (Abb. 2.12, links). Das Stoffgesetz wird aus der Addition der Dehnungen erhalten:

$$\frac{E_0 + E_1}{E_0}\sigma + \frac{\eta_1}{E_0}\dot{\sigma} = E_1\varepsilon + \eta_1\dot{\varepsilon} \tag{2.35}$$

Daraus ergibt sich die Gesamtdehnung mit der Retardationszeit $\tau = \eta_1/E_1$ zu:

$$\varepsilon(t) = \frac{\sigma}{E_0} + \frac{\sigma}{E_1}\left(1 - e^{-t/\tau}\right) \tag{2.36}$$

Nach der Entlastung geht die Dehnung asymptotisch auf Null zurück. Durch die gekrümmte Kriechkurve eignet sich das Modell zur Beschreibung von primärem Kriechen von Asphalt [23].

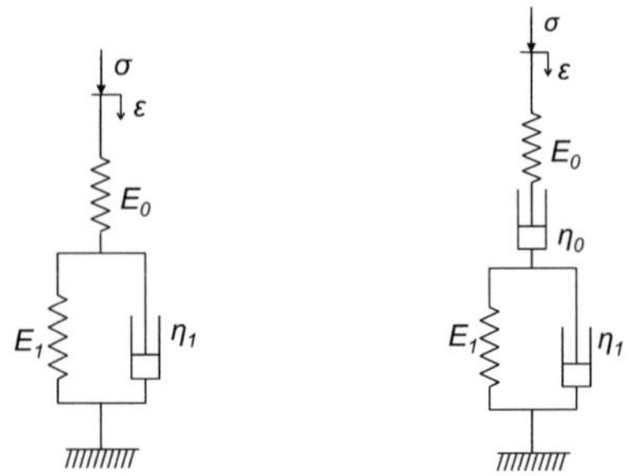

Abb. 2.12: Poyting-Thomson-Modell (links) und Burgers-Modell (rechts)

Durch das Hinzufügen eines Dämpfers, d.h. durch die Reihenschaltung von einem Kelvin-Voigt-Modell und einem Maxwell-Modell, entsteht das Burgers-Modell (Abb. 2.12, rechts). Es ist der erste Schritt zu einem generalisierten Modell. Die Spannung wirkt gleichzeitig auf die beiden Modelle und die Dehnung summmiert sich auf:

$$\varepsilon(t) = \sigma\left(\frac{1}{E_0} + \frac{1}{\eta_0} + \frac{1}{E_1}\left(1 - e^{-t/\tau}\right)\right) \tag{2.37}$$

Mit diesem Modell kann das temperatur- und zeitabhängige Verhalten von Asphalt gut beschrieben werden. Es ist der Ausgangspunkt für die Bildung weiterer Modelle durch Berücksichtigung von inneren Variablen oder das Hinzufügen von weiteren Elementen (z.B. Reibelemente). Somit können unterschiedliche Schädigungsmechanismen sowie das Langzeitverhalten abgebildet werden [7, 23]. In [28] wird durch die Anwendung des Maxwell- und des Burgers-Modells eine gute Lösung zur Beschreibung von Kriechversuchen bei tiefen Temperaturen erreicht. Die Voraussetzung hierfür ist, dass die Spannung konstant bleibt.

Die sogenannten generalisierten (verallgemeinerten) Modelle entstehen durch die Parallel- bzw. die Reihenschaltung entsprechender n-Maxwell-Modelle (generalistisches Maxwell-Modell oder Maxwell-Gruppe, Abb. 2.13, rechts) bzw. von n-Kelvin-Voigt-Modellen (generalistisches Kelvin-Voigt-Modell oder Kelvin-Voigt-Gruppe , Abb. 2.13, links). Die beiden dargestellten Modelle sind in ihrem Verhalten äquivalent und beschreiben das Verformungsverhalten von einem viskoelastischen Festkörper. Ein großer Vorteil ist, dass es sich dabei nicht nur um eine Relaxations- bzw. Retardationszeit handelt, sondern um diskrete bzw. kontinuierliche Zeitspektren, wenn entsprechend n eine endliche natürliche Zahl bzw. wenn n=∞ ist.

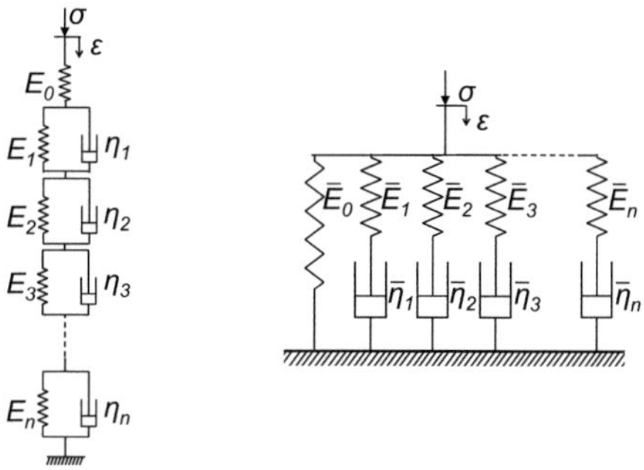

Abb. 2.13: Generalistisches Kelvin-Voigt-Modell (links) und generalistisches Maxwell-Modell (rechts)

Unter Anwendung des Bolzmann'schen Superpositionsprinzips können die Dehnungen der Kelvin-Voigt-Gruppe aufsummiert und der Dehnungsverlauf ermittelt werden:

$$\varepsilon(t) = \sigma\left(\frac{1}{E_0} + \sum_{i=1}^{n}\frac{1}{E_i}\left(1 - e^{-t/\tau_i}\right)\right) \tag{2.38}$$

Über die Beziehung $J(t) = \varepsilon(t)/\sigma$ ist auch die Kriechfunktion bekannt. Durch die vorgeschaltete Feder wird das reversible elastische Verhalten beschrieben [37].

Wenn es sich bei der Belastung um eine frequenzabhängige Funktion der Form $\sigma(t) = \hat{\sigma}\sin(\omega t)$ handelt, wobei $\omega = 2\pi f$ die Kreisfrequenz und f die Frequenz ist, dann gilt:

$$\hat{\sigma} = |E| \cdot \hat{\varepsilon} \tag{2.39}$$

Dabei sind $\hat{\sigma}$ und $\hat{\varepsilon}$ die Schwingungsamplituden und $|E|$ ist der Absolutwert des sogenannten komplexen Elastizitätsmoduls, der das viskoelastische Verformungsverhalten beschreibt und wie folgt definiert ist:

$$E(j\omega) = \frac{E_\infty}{1+(j\omega\tau)^{-k}} \tag{2.40}$$

Dieser E-Modul kann in dynamischen Versuchen bestimmt werden und hängt nur von der temperaturabhängigen Relaxationszeit τ und dem Glasmodul E_∞ ab. Mit $k=1$ kann z.B. das Maxwell-Modell beschrieben werden. Anhand von Versuchen, die durch Francken und Verstreaten durchgeführt wurden, wird die Gl. 2.40 erweitert. Hürtgen [31] nutzt diese Werkstoffkenngröße und leitet aus dem Kehrwert $J(jw) = 1/E(jw)$ die komplexe Nachgiebigkeit ab, die nach Fourier-Transformation die Kriechfunktion $J(t)$ nach Gl. 2.41 für den sogenannten Modellasphalt. Für die Aufstellung solcher Gleichungen werden rheologische Modelle mit parabolischen Dämpferm verwendet, die das komplexe Verformungsverhalten von Asphalt besser beschreiben.

$$J(t) \cdot E_\infty = 1 + 1{,}852 \cdot \left(\frac{t}{\tau}\right)^{0,2} + 1{,}128 \cdot \left(\frac{t}{\tau}\right)^{0,5} \tag{2.41}$$

Durch das sogenannte Korrespondenzprinzip kann der viskoelastische frequenzabhängige komplexe E-Modul zu einem rein elastischen E-Modul umgewandelt werden. Dabei wird der viskoelastische Stoff mit einem elastischen Modell dargestellt, dessen Verformung unter Belastung den maximalen Verformungen des viskoelastischen Stoffes entspricht. Dies wird mit der Auswahl eines bestimmten E-Moduls E_{eff} gewährleistet.

Weiterhin stellt Hürtgen als erste Grundaufgabe der Thermodynamik die Beschreibung der Reaktion eines Stoffes auf beliebige zeitabhängige Funktionen $\sigma(t)$ bzw. $\varepsilon(t)$ bei konstanter Temperatur dar. Dafür wird der Verlauf der Spannungsfunktion diskretisiert und mit aufeinander folgenden Sprungfunktionen dargestellt, so dass zu jeder Zeit t_i die Kriecheffekte durch den neuen Spannungssprung σ_i mit denen aus den vorhergehenden überlagert werden (Abb. 2.14).

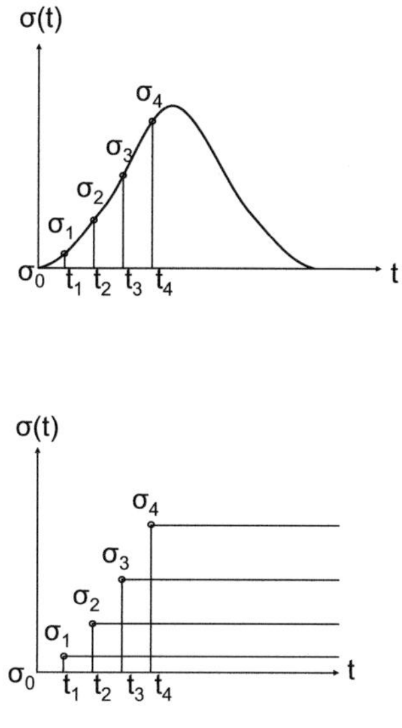

Abb. 2.14: Beschreibung der Spannung durch eine diskrete Folge von Sprungfunktionen [31]

Die Werte t_i mit $i = 1, 2, .., n$ seien dabei gleichabständig mit $t_i - t_{i-1} = \Delta t$, so dass $t_i = i \cdot \Delta t$ und $\sigma_i - \sigma_{i+1} = \Delta\sigma(i\Delta t)$ gilt. Die Dehnung ε_n am Ende der Belastung ergibt sich mit Hilfe des Superpositionsprinzips zu:

$$\varepsilon_n = \sum \Delta\sigma(i\Delta t) \cdot J((n-i) \cdot \Delta t) \tag{2.42}$$

Durch entsprechende Umformulierung kann der Summenausdruck 2.42 zu einem Faltungsintegral, dem sogenannten Materialgesetz in integraler Form, transformiert werden [26, 31]:

$$\varepsilon(t) = \int_{\vartheta=0}^{t} J(t-\vartheta)\frac{d\sigma}{d\vartheta}d\vartheta \tag{2.43}$$

D.h. bei bekannter Kriechfunktion $J(t)$ und gegebenem Spannungsverlauf $\sigma(t)$ kann die Dehnung berechnet werden, ohne dass ein bestimmtes Modell zugrunde gelegt wird.

2.4 Tragfähigkeit von Asphaltbefestigungen

2.4.1 Messverfahren

Die Tragfähigkeit ist definiert als der Widerstand gegen kurzzeitige Verformungen [13]. Um diese zu erfassen bzw. zu bewerten, existieren mehrere Verfahren. Der aktuelle Stand der Technik hierzu ist in den Arbeitspapieren Tragfähigkeit zusammengefasst. Teil A [20] gibt einen Überblick über die Verfahren, die aktuell zur Bewertung der Tragfähigkeit verwendet werden: Benkelman-Balken, Falling Weight Deflectometer (FWD), Deflectograph Lacroix und Curviametro sind die vier Messsysteme, die aufgrund der unterschiedlichen Lasteinleitung und Messdatenerfassung auch für unterschiedliche Fragestellungen geeignet sind und nicht ohne weiteres miteinander verglichen werden können. Während sich das Deflectograph Lacroix und der Benkelman-Balken mehr für Straßen der Bauklassen III bis VI der RStO 01 eignen, können das Curviametro und das FWD auch auf Konstruktionen der Bauklassen SV bis II der RStO 01 eingesetzt werden [14]. Dabei ist das Curviametro ein fahrendes Messsystem und somit für die Untersuchung von ganzen Netzen geeignet (Einsatz Netzebene), während sich das FWD eher für kürzere Abschnitte eignet (Einsatz Objektebene) [20].

Aufgrund seiner Schnelligkeit in der Anwendung, der Variabilität in der Belastung und der guten Wiederholpräzision hat sich das Falling Weight Deflectometer (FWD) bzw. das Heavy Weight Deflectometer

(HWD) für den Einsatz bei allen Bauklassen und Bauweisen bewährt [29]. Seine Messergebnisse erlauben eine Festlegung von Flächen gleicher Tragfähigkeit und somit die Einteilung in homogene Abschnitte sowie den relativen Vergleich dieser Abschnitte untereinander. Weiterhin sind die Ermittlung visuell nicht erkennbarer Schwachstellen hinsichtlich der Tragfähigkeit (auch der unteren Schichten) und in Verbindung mit weiteren (ggf. zerstörenden) Untersuchungen die detaillierte Ermittlung von Schadensursachen sowie die Bewertung des strukturellen Zustandes und die darauf basierende Planung von geeigneten Erhaltungsmaßnahmen möglich.

2.4.2 Tragfähigkeitsmessung mit dem FWD

Die Funktionsweise des FWD bzw. HWD wurde eingehend erforscht und beschrieben [15, 20, 25, 32]. Dabei handelt es sich um ein dynamisches Messverfahren, bei welchem ein Fallgewicht aus einer definierten Höhe herabfällt und einen Kraftstoß auf die Fahrbahnkonstruktion erzeugt. In Abb. 2.15 ist das Funktionsprinzip dargestellt; das Messsystem und die Messkonfiguration gehen aus Anlage B hervor.

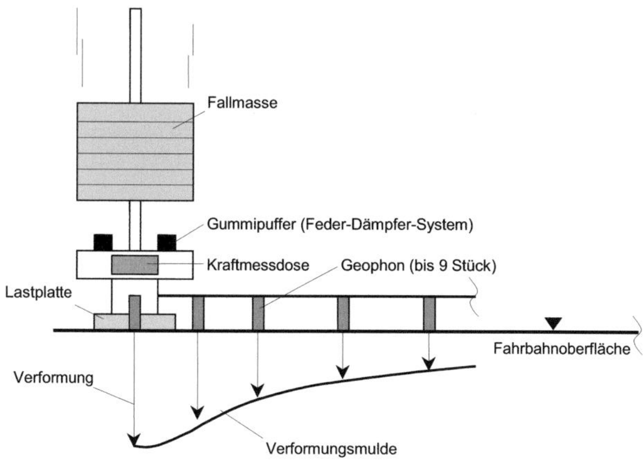

Abb. 2.15: Prinzip des FWD-Messverfahrens [20]

Die zeitlichen Verläufe des Kraftstoßes und der Verformungen an definierten Abständen vom Lastzentrum werden in einer sogenannten „Time History“-Datei aufgezeichnet; Abb. 2.16 zeigt beispielhaft die grafische Darstellung der „Time History“-Datei einer Messung. Die maximalen Einsenkungen, normiert auf eine Standardbelastung und aufgetragen über die Geophonposition, stellen die sogenannte Deflexionsmulde dar, die i.d.R. für die Bewertung einer FWD-Messung herangezogen wird. Durch die stufenlose Variation der Fallhöhe und des Gewichtes kann die Kraftgröße gesteuert werden. Mit Gummipuffern unterschiedlicher Härte kann darüber hinaus die Dauer des Kraftstoßes verändert werden. Für Verkehrsflächen aus Asphalt wird i.A. eine Standardbelastung von 50 kN mit einer Impulsbreite zwischen 25 und 30 ms verwendet. Neben der Kraft und den Verformungen werden die Impulsbreite und die Fallhöhe gespeichert; zudem werden die Luft- und Oberflächentemperaturen automatisch an jedem Messpunkt erfasst. An ausgewählten repräsentativen Stellen werden außerdem stationär die Temperaturen in drei unterschiedlichen Tiefen der Fahrbahnkonstruktion aufgenommen. Für die weitere Betrachtung ist nach dem Arbeitspapier Tragfähigkeit, Teil B2.1 [15], die Temperatur im Drittel der Gesamtdicke des gebundenen Oberbaus, wenigstens in einer Tiefe von $\geq 40\ mm$, ausreichend.

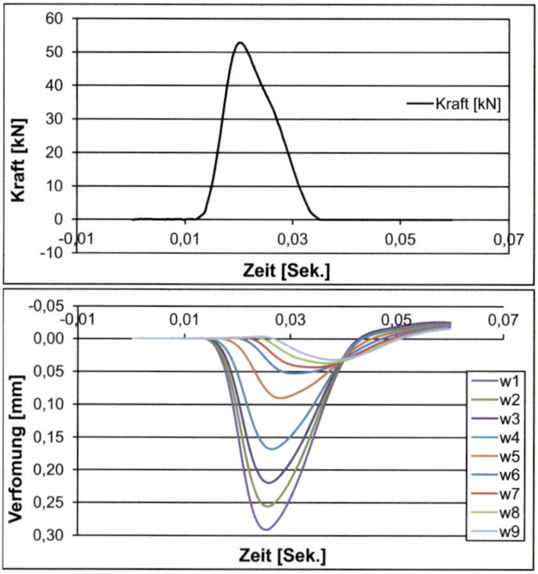

Abb. 2.16: Beispiele für die „Time History" des Kraftstoßes (oben) und die Verformungen an jedem Geophon (unten) [21]

2.4.3 Auswertung von Tragfähigkeitsmessdaten und deren Bewertung

Für die Auswertung der Messwerte und die Bewertung der Ergebnisse gibt es unterschiedliche Möglichkeiten. Grundsätzlich ist zwischen einer statischen und dynamischen Betrachtung zu unterscheiden. Bei der statischen Betrachtungsweise werden die maximalen gemessenen und auf 50 kN normierten Einsenkungen an den neun Geophonen herangezogen. Dabei gibt es die Möglichkeit, entweder mit Kenngrößen zu arbeiten, die direkt aus der Deflexionsmulde abgeleitet werden, oder E-Moduln zu berechnen. Bei der dynamischen Auswertung werden die zeitlichen Verläufe der Kenngrößen herangezogen.

Statische Betrachtungsweise

Ausgangspunkt ist stets die Deflexionsmulde. Diese kann entweder direkt aus den gemessenen Einsenkungen als Polygonzug dargestellt oder mit einem geeigneten mathematischen Ansatz angenähert werden; die Vorgehensweise hängt von der Methode der anschließenden Bewertung ab. Die sogenannten Deflexionsmuldenparameter (eng: DBP: Deflection Basin Parameter) können z.B. direkt aus der gemessenen Mulde berechnet werden. Dazu zählen die Einsenkungen in definierten Abständen vom Lastzentrum, die daraus berechneten Differenzen sowie die Neigung der Mulde an bestimmten Stellen und die Fläche, die durch diese eingeschlossen wird. Diese können dann laut Studien [40, 48, 12] mit den Spannungen und Dehnungen an unterschiedlichsten Stellen in der Konstruktion in Verbindung gebracht werden, so dass Aussagen über den aktuellen Zustand der Befestigung getroffen werden können. Der SCI-Parameter (Surface Curvature Index) z.B. ist als Oberflächenkrümmungsindex definiert. Er wird als die Differenz aus der Einsenkung im Lastzentrum und der Einsenkung im Abstand von 300 mm berechnet und repräsentiert dadurch den Zustand der oberen gebundenen Schichten (ADS, ABS). Um den Ermüdungszustand der gebundenen Tragschicht(en) zu charakterisieren, wird der Tragschichtkrümmungsindex BDI (Base Damage Index) als die Differenz zwischen den Einsenkungen bei 300 und 600 mm vom Lastzentrum entfernt berechnet. Mit zunehmender Entfernung vom Lastzentrum nimmt der Einfluss der gebundenen Schichten immer mehr ab und die Eigenschaften der tiefer liegenden Schichten bestimmen die Form der Mulde.

Die Tragfähigkeitsindikatoren w_0 (maximale Einsenkung im Lastzentrum) und UI (Untergrund-/ Unterbau-Indikator) nach Jendia [32] werden ebenfalls direkt aus der gemessenen Mulde ermittelt; für den Indikator Tz (abgeleitet aus der Halbraumtheorie, S. Gl. 2.13 und Gl. 2.14) wird die Mulde allerdings zunächst mit dem folgenden Regressionsansatz beschrieben:

$$w(r) = \begin{cases} d_1 + A_1 \cdot r^2 + A_2 \cdot r^4 + A_3 \cdot r^6, & 0 \leq r \leq r_1 \\ A \cdot e^{Br}, & r_1 \leq r \leq r_2 \end{cases} \tag{2.44}$$

D.h. die Verformungen in der Nähe des Lastzentrums werden durch ein gerades Polynom 6. Grades angenähert. Im weiteren Verlauf wird die Mulde mit einer Exponentialfunktion approximiert. An der Übergangsstelle r_1 besitzen die beiden Funktionen die gleiche Steigung. Die zweite Ableitung an der Stelle $x = 0$ stellt die Krümmung der Funktion dar und sein Kehrwert ist der Krümmungsradius - analog der Balkentheorie (s. Kap. 2.2.2, Gl. 2.25). Mit dem so bestimmten Krümmungsradius R0 und der maximalen Deflexion im Lastzentrum w_0 wird der Tz-Wert berechnet. Dieser Zusammenhang wurde aus der Halbraumtheorie durch die Gegenüberstellung der Gl. 2.13 und Gl. 2.14 abgeleitet. Wie gut dieser den Zustand der Befestigung beschreibt hängt erheblich von der Güte der Anpassung der Deflexionsmulde ab. Gemäß dem aktuellen Stand des Arbeitspapiers Tragfähigkeit, Teil C2.1 [21], kann die Berechnung des Krümmungsradius R0 im Lastzentrum direkt nach dem vereinfachten Ansatz gemäß Gl. 2.45 erfolgen:

$$R0_R = 24{,}494 \cdot (w_0 - w_1)^{-0{,}899} \tag{2.45}$$

Mit:

w_0 maximale Verformung im Lastzentrum
w_1 maximale Verformung im Abstand 210 mm vom Lastzentrum

Diese Gleichung ist als Ergebnis einer Regressionsanalyse des Zusammenhangs zwischen der Differenz der Verformung am Geophon im Lastzentrum und am benachbarten Geophon $w_0 - w_1$ und dem mit Hilfe von Gl. 2.44 berechneten Krümmungsradius $R0$ mit einem Bestimmtheitsmaß von $R^2 = 94{,}1\%$ entstanden [43].

Für die so ermittelten Tragfähigkeitsindikatoren w_0, UI und Tz wurden in Rahmen des Forschungsvorhabens FE 04.188 „Erarbeitung eines Bewertungshintergrundes für Tragfähigkeitsmessungen auf Basis von Zustandsindikatoren nach Jendia“ [43] auf Grundlage von systematisch angelegten Messungen für ausgewählte Bauklassen und Bauweisen nach RStO 01 [14] Referenzmaßzahlen ermittelt und in Abhängigkeit der Temperatur katalogisiert.

Darüber hinausgehende Ansätze zur Beurteilung der Tragfähigkeit unmittelbar anhand von gemessenen Deflexionsmulden wurden von Chakar [10] beschrieben.

Grätz [25] schlägt den folgenden Regressionsansatz für die Approximation der gemessenen Deflexionsmulde vor:

$$w(r) = \frac{a_0 + a_1 \cdot r^2}{1 + a_2 \cdot r^2} \tag{2.46}$$

In Abb. 2.17 ist beispielhaft eine gemessene Mulde und deren Annäherung mit den Regressionsansätzen nach Gl. 2.44 (Regressionsansatz nach Jendia) und Gl. 2.46 (Regressionsansatz nach Grätz) dargestellt.

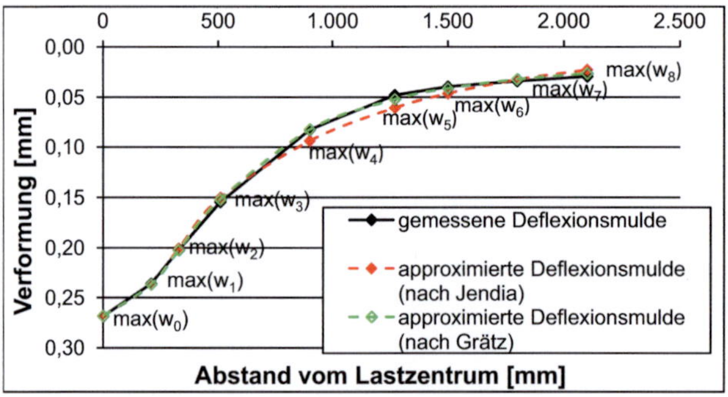

Abb. 2.17: Beispiele für Deflexionesmulden (gemessen und mit den unterschiedlichen Ansätzen nach Jendia und Grätz approximiert)

Im konkreten Fall beschreiben beide Ansätze die Verformung in der Nähe vom Lastzentrum sehr gut. Ab einem Abstand von 900 mm ist die Approximation mit dem Ansatz von Gl. 2.46 besser. Bei anderen Randbedingungen kann die Form der Mulde so variieren, dass entweder Gl. 2.44 besser geeignet ist oder keine von beiden.

Nach Grätz [25] werden für die Bewertung der Tragfähigkeit die sogenannten mechanischen Kennwerte M_0 und l verwendet. Auf der Grundlage der „Platte auf elastisch isotropem Halbraum"(s. Kap 2.2.2) werden die maximalen Einsenkungen in unterschiedlichen Abständen vom Lastzentrum mit Hilfe der Besselfunktionen nach Gl. 2.19 berechnet. Über den Regressionsansatz nach Gl. 2.47 wird der Hilfswert $H_w(r/l)$ (Gl. 2.20) angenähert. Die Regressionskoeffizienten a_0, a_1 und a_2 werden in die Näherungslösung (Gl. 2.48) eingesetzt und aus den Regressionsparametern A und B werden anschließend die mechanischen Kennwerte l und $M0$ direkt berechnet (Gl. 2.49 und 2.50). In den nachfolgenden Iterationsverfahren werden diese genau bestimmt. Daraus werden dann die E-Moduln der Platte, d.h. des Asphaltpakets, und des Halbraums, d.h. der ungebundenen Schichten, berechnet.

$$H_w = a_0 \cdot e^{a_1 \cdot \frac{r}{l}} + a_2 \tag{2.47}$$

$$w(r) = A \cdot (a_0 \cdot e^{B \cdot a_1 \cdot r} + a_2) \tag{2.48}$$

Die Regressionsparameter A und B sind dabei wie folgt definiert:

$$A = \frac{P}{M_0\, l} \tag{2.49}$$

$$B = \frac{1}{l} \tag{2.50}$$

Mit:

P vertikale Kraft [N]
l elastische Länge [mm]
M_0 Schichtmodul des elastisch-isotropen Halbraums
$M_0 = \frac{E_0}{1-\mu_0^2}$
μ_0 Querdehnzahl des elastisch-isotropen Halbraums [-]
r Abstand vom Lastzentrum in [mm]

International werden sehr oft mit Hilfe von Programmen auf der Basis der Mehrschichtentheorie die E-Moduln rückgerechnet (s. Kap. 2.2.2). Als Eingangsparameter dienen die an mindestens fünf Geophonen gemessenen Verformungen. Unter der Annahme einer statischen Belastung werden die Schicht-E-Moduln der einzelnen Schichten so lange variiert, bis eine optimale Anpassung der gemessenen Deflexionsmulde erreicht ist.

Dynamische Betrachtungsweise

Ein häufiger Kritikpunkt bei der Auswertung der FWD-Messungen ist, dass durch die Betrachtung allein der statischen Deflexionsmulde die Reaktion der Straße nicht umfassend beschrieben würde und dass die dynamischen Effekte ebenso berücksichtigt werden müssten. Nach umfassender Literaturrecherche über die Möglichkeiten, die Tragfähigkeitsmessdaten dynamisch auszuwerten, wurde in [41] eine Methode zur Rückrechnung dynamischer Tragfähigkeitswerte dargestellt. Dabei wurde das Rückrechnungsverfahren nach Grätz [25] dahingehend erweitert, dass Grundsätze auf Basis der Dynamik und der Wellentheorie mit einbezogen wurden. Demgemäß werden die Verformungs-Zeit-Verläufe an der Oberfläche der Asphaltbefestigung bzw. die Kraft-Zeit-Verläufe, die während der FWD-Messung als "Time Histories" aufgenommen werden, zur Auswertung herangezogen. Es gelten die Annahmen, dass der Asphalt ein viskoelastisches Verhalten entsprechend dem Maxwell-Modell aufweist und sich die anderen Schichten elastisch verhalten.

Das viskoelastische Konzept wird angewendet, um die zeitverschobenen Verformungen zu erklären. Die dynamischen Eigenschaften des Asphaltes als komplexer Modul und komplexe Nachgiebigkeit sowie die Materialkonstanten des Maxwell-Modells können dann aus den FWD-Messergebnissen berechnet werden.

2.4.4 Einflussgrößen

Wie in Kap. 2.4 definiert, wird bei der Tragfähigkeitsmessung der momentane Straßenzustand erfasst. Aus diesem Grund ist die Bewertung stets in Verbindung mit den während der Messungen vorherrschenden Randbedingungen zu sehen, da es eine Vielzahl an inneren und äußeren Faktoren gibt, die einen Einfluss auf die Tragfähigkeit haben.

Äußere Faktoren

Zu den äußeren Faktoren zählen die Einwirkungen durch Verkehr und Klima, die sowohl auf lange Sicht als auch kurzfristig die Tragfähigkeit beeinflussen können.

Bei der Verkehrsbelastung spielt vor allem der Anteil an Schwerverkehr eine Rolle. Forschungsergebnisse des ISE [43, 42], bei denen über acht Jahre jährlich Tragfähigkeitsmessungen auf Bundesautobahnen in Baden-Württemberg durchgeführt wurden, zeigen zwar, dass eine kontinuierliche Änderung der Tragfähigkeit während des Nutzungszeitraums aufgrund der zunehmenden Anzahl an Achslastüberrollungen nicht eindeutig zu erkennen ist. Die Daten wurden bezüglich der Änderung der Tragfähigkeit in Korrelation mit den sich zeitlich ändernden Randbedingungen verglichen und ausgewertet. Die Ergebnisse lassen aber vermuten, dass sich die Tragfähigkeit nach dem Eintreten der ersten Risse an der Unterseite des Asphaltpaketes bzw. nach dem Übergang in die Ermüdungsphase entsprechend ändert. Eindeutig konnte allerdigs der Einfluss der Temperatur als maßgeblicher Faktor bestätigt werden. Deshalb ist es äußerst wichtig, die Temperaturverhältnisse während einer Messung genau zu dokumentieren. Eine allgemein gültige Temperaturkorrektur auf die Bezugsoberbautemperatur von 20 °C gibt es zwar noch nicht [21], eine qualitative Berücksichtigung ist aber unerlässlich und kann nach [43, 10] erfolgen. Eine andere Möglichkeit besteht in der Umrechnung der abgeleiteten Kenngrößen (z.B. E-Moduln) [12].

Für die Verformung besitzt die Größe der Radlast, die Lastfläche so wie die Belastungszeit bzw. -geschwindigkeit einen wesentlichen Einfluss. Die Belastungsfrequenz und Asphalttemperatur bestimmen das Steifigkeits-, Trag- und Verformungsverhalten der Asphaltschichten mit. Grundsätzliche Untersuchungen dazu liegen mit dem Forschungsprojekt FE 04.174 [25] vor. Dabei konnte der Einfluss der Impulsbreite aufgrund der Gerätekonfiguration nicht nachgewiesen werden. Die Einflüsse derImpulskraft und der Asphalttemperatur wurden zwar erfasst, konnten aber nicht allgemeingültig beschrieben werden.

Bei Tragfähigkeitsmessungen haben die Art und Weise der Lastaufbringung (Gewicht, Fallhöhe, Gummipufferhärte, Lastfläche, Belastungsdauer) und die Temperaturverhältnisse zum Messzeitpunkt einen entscheidenden Einfluss auf das Messergebnis. Die Lastaufbringung ist im Übrigen festzulegen, um ein hohes Maß an Wiederholbarkeit und Vergleichbarkeit bei dynamischen Tragfähigkeitsmessverfahren gewährleisten zu können. Die diesbezüglichen Vorgaben zur Größe und Dauer des Kraftstoßes des Arbeitspapiers [15] ermöglichen deshalb eine einheitliche Messdurchführung und Bewertung mit dem FWD.

Außer der Temperatur sind auch weitere klimatische Einflüsse, wie z.B. der Wassergehalt in den ungebundenen Schichten, von Bedeutung. Vor allem bei frostempfindlichem Untergrund / Unterbau beeinflusst während der Tauperiode der Wasserhegalt die Tragfähigkeit der gesamten Straßenbefestigung, so dass diese auf ca. 40 % des Wertes absinkt, welche im Sommer oder Herbst vorhanden ist [33]. Gemäß Arbeitspapier B2 [15] ist die Auftauperiode im Frühjahr hinsichtlich der Tragfähigkeit deshalb im Besonderen zu berücksichtigen.

Innere Faktoren

Konstruktive Gegebenheiten wie Lage der Gradiente, Art und Dicke der Schichten, Verdichtung, Schichtenverbund, Entwässerung und die Materialeigenschaften wie Ermüdung, Steifigkeit, Rissbildung und Alterung der einzelnen Schichten können die Tragfähigkeit massiv beeinflussen. Dickere und steifere Schichten werden z.B. mehr beansprucht und bauen dementsprechend mehr Spannungen ab. Die unteren Schichten werden somit entlastet [29].

Fehlender Schichtenverbund im Asphaltoberbau führt zu fehlender Schubkraftübertragung an den Schichtgrenzen und dadurch zu größeren Biegezugspannungen und zur Entstehung von frühzeitigen Biegerissen. Unter der Voraussetzung gleicher maximaler Einsenkungen/Deflexionen ist der Krümmungsradius der Einsenkungs-/Deflexionsmulde an der Oberfläche einer Straßenbefestigung bei fehlendem Schichtenverbund kleiner als bei einer Straßenbefestigung mit Schichtenverbund [29]. Untersuchungen bezüglich des Zusammenhangs zwischen dem Schichtenverbund und Tragfähigkeitskenngrößen wurden zunächst in [27] durchgeführt. Ein aktuelles Forschungsvorhaben zu diesem Thema wurde im Jahr 2013 am ISE abgeschlossen [35]. Dabei wurden mehrere Streckenabschnitte unterschiedlicher Bauklassen und Bauweisen mit dem FWD gemessen, Bohrkerne entnommen und anschließend im Labor in statischen und dynamischen Scherversuchen untersucht. Einen quantitativen formelmäßigen Zusammenhang zwischen den zerstörungsfreien und zerstörenden Untersuchungen konnte zwar nicht abgeleitet werden, die Korrelation zwischen Tragfähigkeitskenngrößen wie Krümmungsradius und Differenz zwischen den Einsenkungen im Lastzentrum und am benachbarten Geophon mit den Scherkräften konnte aber nachgewiesen und in entsprechende Bewertungsdiagramme eingearbeitet werden (Abb. 2.18).

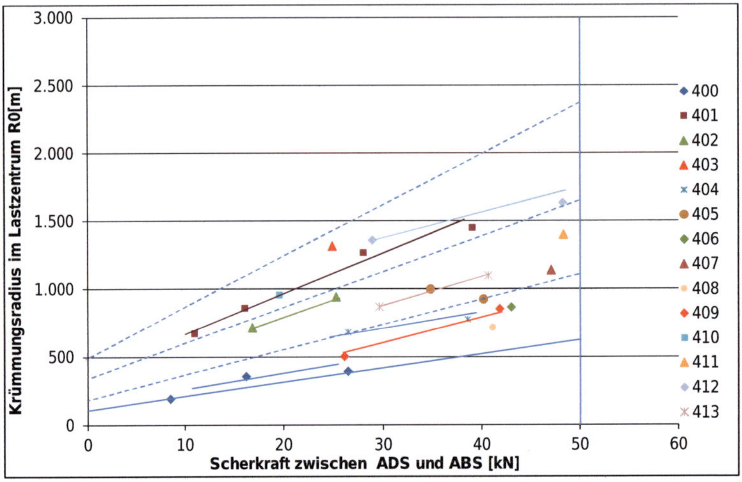

Abb. 2.18: Zusammenhang zwischen der Scherkraft in der Schichtgrenze der Asphaltdeck- und Asphaltbinderschicht und dem Krümmungsradius $R0$ im Lastzentrum [35]

2.5 Schlussfolgerungen für die weitere Arbeit

In den vorherigen Kapiteln wurden die theoretischen Grundlagen der Berechnung von Spannungen und Verformungen sowie die Kenngrößen zur Bewertung der Tragfähigkeit einer Straßenbefestigung aus Asphalt beschrieben. Darin wird deutlich, dass die Auswertung von FWD-Messdaten auf die Eigenschaften analytischer mechanischer Modelle in Kombination mit statistischen Methoden aufgebaut ist. Es wird unterschieden zwischen statischer und dynamischer Betrachtungsweise.

Nach dem aktuellen Stand der Technik wird unter einer „Einsenkungsmulde" der Polygonzug der maximalen Einsenkungen zu unterschiedlichen Zeitpunkten verstanden. Diese statische Betrachtungsweise erlaubt zwar keine direkte Berücksichtigung des zeitabhängigen Kraftverlaufs sowie der Geschwindigkeit der Verformungsausbreitung, ist dennoch im ingenieurmäßigen Sinne vertretbar und führt erfahrungsgemäß zu plausiblen Aussagen bezüglich der Tragfähigkeitseigenschaften der Befestigung. In Anlehnung der Definition des effektiven E-Moduls ([30] bzw. Kap. 2.3.2) können diese maximalen Verformungen als „effektive Verformungen“ erklärt werden: d.h. durch die Stoßbelastung erfolgt bei der viskoelastischen Straßenbefestigung in unterschiedlichen Abständen vom Lastzentrum die Verformung zu unterschiedlichen Zeitpunkten. Die durch die Maxima bestimmte Deflexionsmulde stellt die Verformung eines elastischen Vergleichssystems dar, das bei dem gegebenen Spannungsverlauf die gleiche Maximalverformung erfährt wie das viskoelastische System. Ein weiteres Argument, mit der so definierten Mulde weiterhin zu operieren, liefert der niedrige Frequenzbereich, in dem die Messungen durchgeführt werden (Kap. 2.2.1).

Für die Bewertung der gebundenen Schichten können aktuell die Deflexionsmuldenparameter (eng: DBP: Deflection Basin Parameter) oder die rückgerechneten E-Moduln verwendet werden. Grundsätzlicher Nachteil bei der Verwendung der Deflexionsmuldenparameter ist, dass bei der Berechnung der Kennzahlen i.d.R. nur Teile der gemessenen Deflexionen herangezogen werden und deshalb die übrigen Informationen unberücksichtigt bleiben. Ansonsten ist diese Vorgehensweise für eine erste Abschätzung der Tragfähigkeit praktisch - die Berechnung kann direkt vor Ort schnell und einfach erfolgen.

Die Berechnung von E-Moduln kann entweder mit Hilfe von Software auf der Grundlage der Mehrschichtentheorie oder nach dem aus der Plattentheorie abgeleiteten Verfahren von Grätz erfolgen. Ein Nachteil bei der ersten Vorgehensweise liegt darin, dass die unterschiedlichen Programme zu widersprüchlichen Ergebnissen führen können. Ein Nachteil der zweiten vorgehensweise wird darin gesehen, dass nicht die gemessenen Daten aus der Time History verwendet werden, sondern dass die zeitlichen Verläufe über die mathematischen Funktionen berechnet und somit theoretische Deflexionsmulden hergeleitet werden. Außerdem wird die Einsenkung direkt im Lastzentrum nicht berücksichtigt [25].

Nach dem Verfahren von Jendia ist der Krümmungsradius R0 im Lastzentrum der Indikator für die gebundenen Schichten. Dieser dient jedoch nur als ein Zwischenschritt bei der Berechnung von Tz. Der Zahlenwert selbst hängt von der Anpassungsgüte der Approximation der Deflexionsmulde mit Gl. 2.44 ab. Die auf diese Art und Weise berechneten Krümmungsradien stehen aufgrund der Ausführungen in Kap. 2.4.3 in direkter Beziehung zu den nach dem vereinfachten Ansatz nach Gl. 2.45 berechneten Krümmungsradien. Aus diesem Grund wird der vereinfachte Ansatz im Weiteren nicht berücksichtigt - der Krümmungsradius wird über die zweite Ableitung der Regressionsgleichungen Gl. 2.44 und Gl. 2.46 berechnet und entsprechend mit $R0_{Je}$ und $R0_{Gr}$ bezeichnet. Ein Nachteil dieser Vorgehensweise, die gewisse Unsicherheiten bei der Interpretation der Ergebnisse mit sich bringt, ist, dass die Formeln mit Hilfe von Regressionsanalysen ohne Bezug zu den mechanischen Grundlagen empirisch hergeleitet werden und somit kein direkter Bezug zu den in Kap. 2.2.2 beschriebenen Biegelinien von belasteten Platten und/oder Balken besteht. Entsprechendes gilt auch für die daraus berechneten Krümmungsradien.

Des Weiteren wird für die Rückrechnung der E-Moduln, die Berechnung der Deflexionsmuldenparameter sowie die Anwendung der Verfahren nach Jendia und Grätz ein rein linear-elastisches Verformungsverhalten der Straßenkonstruktion vorausgesetzt. Die viskosen Anteile, die vor allem bei hohen Temperaturen auch einen entsprechend größeren Anteil daran haben können, bleiben unberücksichtigt.

Daher soll im Folgenden auf der Grundlage der gewonnenen Erkenntnisse ein Modell festgelegt werden, dessen Eigenschaften das reale Verformungsverhalten von Asphaltbefestigungen abbildet und mit welchem die Vorgänge beim FWD-Verfahren beschrieben werden können. Gemäß den Ausführungen in Kap. 2.3 gibt es mehrere Möglichkeiten, das Verformungsverhalten von Asphalt rheologisch zu beschreiben. Welches Modell am Besten dafür geeignet ist, d.h. die erzwungenen Verformungen am besten beschreibt, wird von den üblichen Randbedingungen bei den FWD-Messungen bestimmt. Dabei spielen die

Art der Belastung bzw. die daraus resultierenden Verformungen eine entscheidende Rolle. Im vorliegenden Fall sollen die Verformungen, die durch den Kraftstoß hervorgerufen werden, beschrieben werden. D.h. es handelt sich dabei um eine kurzzeitige dynamische Belastung, die zu kurzzeitigen reversiblen, d.h. elastischen und viskoelastischen, Verformungen führt. Des Weiteren beeinflussen die Höhe der Kraft und die Temperatur das Ergebnis. Diese Randbedingungen sollen bei den Analysen in den folgenden Kapiteln Berücksichtigung finden. Dabei ist nicht bekannt, inwieweit die viskosen Anteile bei dieser Art von Belastung aktiviert werden und die Verformung mitbestimmen.

Zu klären ist ebenso, ob die Darstellung als Balken oder Platte mit Topflast für die Berechnung des Belastungsfalles ausreichend bzw. überhaupt geeignet ist oder ob andere Systeme vielleicht den Sachverhalt besser beschreiben. Die Anwendung eines solches Modells soll mit ausgewählten Messdaten überprüft werden.

3 Datengrundlage

3.1 Angaben zu den Untersuchungsstrecken

Für die Modellbetrachtung wurde ein Untersuchungskollektiv aus drei Strecken gebildet, die zum Teil an mehreren Messterminen innerhalb unterschiedlicher Forschungsvorhaben untersucht wurden.

Über die erste Strecke (S1) liegen vergleichsweise viele Informationen vor; sie ist in mehreren Forschungsvorhaben Gegenstand von Untersuchungen [22, 43, 44] gewesen. Ihr Aufbau entspricht mit 34 cm Asphalt und 36 cm ToB dem Aufbau nach der BKl SV, Zeile 1 der Tafel 1 gemäß RStO 01. Der untersuchte Abschnitt ist 3-streifig mit Standstreifen ausgebaut; er hat eine Länge von 600 m und eine sehr starke Verkehrsbelastung. Seit der Verkehrsfreigabe im Jahr 2001 beträgt die bemessungsrelevante Beanspruchung B über 22 Mio. äquiv. 10-t-AÜ. Das Besondere an der Strecke ist, dass sie als Versuchsstrecke mit sechs unterschiedlichen Tragschichten ohne Bindemittel aus natürlichen und recyclierten Gesteinskörnungen gebaut wurde. Die Felder 1 und 3 entsprechen dabei konventionellen Bauweisen und sind mit einer Kies- bzw. Schottertragschicht ausgeführt. Die ungebundenen Tragschichten der Felder 2, 4, 5 und 6 bestehen aus einem RC-Gemisch aus Betonaufbruch und Asphaltgranulat in unterschiedlichen Verhältnissen. Mehrmals während des Baus und nach der Verkehrsfreigabe wurde die Tragfähigkeit der Strecke gemessen. Im Jahr 2011 wurden im Rahmen des Forschungsprojektes FE04.227 [44] auch mehrere Bohrkerne im Feld 3 entnommen und bezüglich der Steifigkeits- sowie Ermüdungseigenschaften geprüft. Weiterhin wurden das Mischgut untersucht und die Bohrkerne begutachtet. Dabei wurde festgestellt, dass sich die Strecke in diesem Bereich in einem sehr guten Zustand befindet. Die

ZEB-Messkampagne im Jahr 2009 brachte in den Feldern 4, 5 und 6 Risse und in den Feldern 1 und 2 Längsunebenheiten zum Vorschein.

Auch die Strecke S2 wurde in mehreren Forschungsvorhaben untersucht [43, 42]. Sie ist mit insgesamt 34 cm dicken Asphaltschichten auf 36 cm ungebundenen Tragschichten aufgebaut und entspricht damit wie S1 der BKl SV, Zeile 1 der Tafel 1 der RStO 01. Die Strecke ist dreistreifig im Bereich einer Anschlussstelle und hat eine Länge von ca. 500 m. Die Verkehrsfreigabe nach einer grundhaften Erneuerung erfolgte im Jahr 2002. Der Abschnitt ist stark belastet und hat seitdem über 19 Mio. äquiv. 10-t-AÜ ertragen. Zuletzt wurde die Strecke im Jahr 2011 in Rahmen von [42] zum dritten Mal bezüglich der Tragfähigkeitseigenschaften untersucht. Gleichzeitig wurden auch Bohrkerne entnommen, die nach einem ähnlichen Untersuchungsumfang wie die Strecke S1 im Labor geprüft wurden. Die Untersuchungen zeigten, dass sich die Strecke in einem guten Zustand befindet. Bei drei der Bohrkerne wurden Reste der alten HGT festgestellt. Die visuelle Erfassung des Oberflächenzustandes vor Ort ergab Längsunebenheiten und zahlreiche Risse im Bereich der letzten 150 m.

Die Strecke 3 (S3) hat im Vergleich zu S1 und S2 einen sehr dünnen Aufbau, der mit 14 cm Asphalt auf 36 cm ToB der BKl V, Zeile 1 der Tafel 1 der RStO 01 entspricht. Die Verkehrsfreigabe erfolgte nach dem Neubau im Jahr 2002. Die Strecke befindet sich auf dem Campus des KIT und ist dementsprechend schwach belastet. Konkrete Verkehrszählungen liegen nicht vor. Zu mehreren Terminen wurden Tragfähigkeitsmessungen durchgeführt, bis jetzt allerdings keine zerstörenden Untersuchungen. An der Oberfläche sind augenscheinlich feine Risse zu erkennen.

3.2 Messdaten

Die HWD-Messungen an der Strecke S1, die im Rahmen dieser Arbeit ausgewertet wurden, wurden im Oktober 2010 durchgeführt. Die statistischen Kenngrößen der Tragfähigkeitsindikatoren w_0, Tz und

UI sind in Anlage C zusammengefasst. Die Tragfähigkeit der Strecke ist demnach als sehr gut einzustufen - die Deflexionsmulden sind sehr flach und die maximalen Einsenkungen sehr gering. In den verschiedenen Niveaus der Werte sind die 6 Felder deutlich wieder zu erkennen.

An der Strecke S2 wurden die Daten im Mai 2011 erhoben. Die statistischen Kenngrößen der Tragfähigkeitsindikatoren w_0, Tz und UI sind in Anlage C zusammengefasst. Die Tragfähigkeit der gesamten Befestigung ist als brauchbar und die der gebundenen Schichten zum Teil als sehr gut einzustufen.

An der Strecke S3 wurden HWD-Messungen an 7 Messterminen (MT) zwischen Juni 2010 und Dezember 2012 durchgeführt. Die statistischen Kenngrößen der Tragfähigkeitsindikatoren w_0, Tz und UI sind ebenfalls in Anlage C zusammengefasst. Die Tragfähigkeit der gesamten Befestigung ist als brauchbar einzustufen.

Für die Modellberechnung werden im Wesentlichen die Daten aus der Time History-Datei verwendet, d.h. der Kraftverlauf und der zeitliche Verlauf der Einsenkung am Geophon direkt im Lastzentrum. Die Daten werden nicht auf den Standardkraftstoß von 50 kN normiert, sondern es wird mit der tatsächlich aufgebrachten Belastung bzw. gemessenen Verformung gerechnet.

4 Ansätze zur Berechnung des Krümmungsradius

Nachfolgend wird nun das Vorgehen bei der Berechnung des Krümmungsradius erläutert. Neben den konventionellen Ansätzen, die auf den elastizitätstheoretischen Grundlagen basieren, wird ein rheologischer Ansatz verfolgt, bei welchem eine Berücksichtigung der viskoelastischen Eigenschaften des Asphaltes bzw. der zeitabhängigen Belastung und die tatsächlich gemessenen Verformungen am ersten Geophon im Lastzentrum miteinfließen. Zum Schluss wird ein geometrischer Ansatz dargestellt, der losgelöst von den mechanischen Zusammenhängen und unabhängig von der Güte der Anpassung der Deflexionsmulde mit den Regressionsgleichungen die Verformungen auf der Oberfläche der Befestigung beschreibt.

4.1 Konventionelle Ansätze

Als konventionelle Ansätze für die Berechnung des Krümmungsradius gelten die in Kap. 2.4.3 beschriebenen Berechnungsmöglichkeiten nach den Verfahren von Jendia und Grätz. Dabei wird die gemessene Deflexionsmulde als Biegelinie interpretiert und mit Gl. 2.44 oder Gl. 2.46 approximiert. Der Krümmungsradius $R0_{Je}$ bzw. $R0_{Gr}$ ergibt sich nach der Balkentheorie (Kap. 2.2.2) als der reziproke Wert der zweiten Ableitung dieser Gleichungen.

Durch die Art und Weise, mit der $R0_{Je}$ bzw. $R0_{Gr}$ berechnet werden, wird vorausgesetzt, dass es sich um ein linear-elastisches Verhalten handelt und dass die Querschnitte bei der Verformung eben bleiben, so dass die Asphaltbefestigung vereinfachend als ein durch eine Topflast belasteter Balken auf zwei Stützen dargestellt wird (Kap. 2.2.2 bzw. [1]).

4.2 Rheologische Ansätze

Als Repräsentant für die gesamte Asphaltkonstruktion (gebundene und ungebundene Schichten) wird ein rheologisches Modell betrachtet, dessen Eigenschaften aus denen der Befestigung abgeleitet wurden. Auf dessen Grundlage kann unter der Berücksichtigung der Eingangswerte und der gesuchten Stoffkenngrößen eine rheologische Aufgabe wie folgt formuliert werden: Gegeben ist ein System, dessen Antwort, beschrieben durch die Verformung, auf eine definierte Belastung, den FWD-Kraftstoß, bekannt ist und dessen Parameter (E-Moduln E, Relaxations- bzw. Retardationszeiten $\overline{\tau}$ und τ) zu bestimmen sind. Das Vorgehen dabei ist in Abb.4.1 schematisch dargestellt.

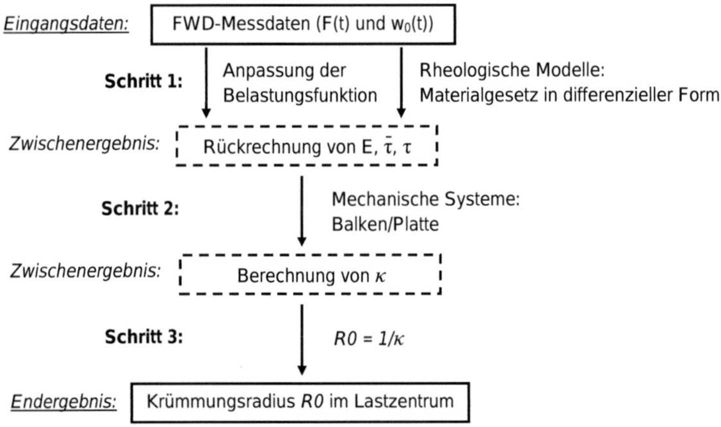

Abb. 4.1: Schematische Darstellung der Vorgehensweise bei der Berechnung des Krümmungsradius mit rheologischen Ansätzen

Als Ausgangspunkt für die Suche nach dem geeigneten rheologischen Modell dient das einfachste Modell eines viskoelastischen Festkörpers - das Kelvin-Voigt-Modell (KV) nach Kap. 2.3.1. Durch die schrittweise Erweiterung mit den rheologischen Grundelementen Feder und Dämpfer wird es zum Poyting-Thomson-Modell (PT) bzw. zum Burgers-Modell (BM) ausgebaut. Die zusätzliche Feder führt dabei zu einer schnelleren Anfangsverformung. Durch die Kombination mit dem Dämpfer beim nächsten Modell kann das sekundäre Kriechen beschrieben werden. Durch die Reihenschaltung von mehreren Kelvin-Voigt-Modellen hintereinander können eventuell die Retardationszeiten reduziert werden. Somit werden als viertes und fünftes Modell eine Kelvin-Voigt-Gruppe mit fünf Gliedern entsprechend ohne ($KV(5)$) und mit Feder ($KV(5), F$) ausgewählt. Alle fünf Modelle werden i.d.R. zur Beschreibung von Asphaltverhalten angewendet (S. Kap. 2.3).

Durch das Materialgesetz in integraler Form (Gl. 2.43) auf der einen Seite und den Zusammenhang $\varepsilon = \Delta l/l$ auf der anderen Seite können die beschriebene rheologische Aufgabe gut gelöst und die Materialparameter bestimmt werden.

Als erste Eingangsgröße für die Berechnung steht auf der linken Seite der Gleichung die Verformung im Lastzentrum. Die gemessene Einsenkung $w_0(t)$ wird auf die Dicke bezogen, damit die Dehnungen berechnet werden können. Hierfür wird aufgrund der Tiefenwirkung des FWDs die gesamte Konstruktionsdicke verwendet, d.h. die Summe der Dicken der gebundenen und der ungebundenen Schichten. Andere Dickenannahmen sind ebenso möglich. Diese führen respektiv zu anderen Ergebnisse, die jedoch (mit einem entsprechenden Faktor) proportional dazu sind. Aus diesem Grund kann eine Interpretation der so bestimmten E-Moduln und der daraus abgeleiteten Größen nur vergleichend erfolgen; Aussagen über die Absolutwerte können nicht getroffen werden.

Auf der rechten Seite der Gl. 2.43 steht die Kriechfunktion, die für jedes der fünf Modelle bekannt ist, und die Spannungsfunktion. Da die Spannungsfunktion in der Time-History-Datei nur in Form von diskreten Daten zur Verfügung steht, muss sie mit einer geeigneten mathematischen Funktion angenähert werden. Die erfolgt am besten durch eine Summenfunktion zweier zeitverzögerter Gauß-Funktionen nach Gl. 4.1

[41]. Damit können auch die gerätebedingten öfters vorkommenden Kraftverläufe mit zwei Spitzen sehr gut beschrieben werden.

$$F(t) = a_1 \cdot \exp\left(-\left(\frac{t-b_1}{c_1}\right)^2\right) + a_2 \cdot \exp\left(-\left(\frac{t-b_2}{c_2}\right)^2\right) \tag{4.1}$$

In Abb. 4.2 ist die Anpassung mit einem sehr hohen Bestimmtheitsmaß grafisch dargestellt.

Eine weitere Möglichkeit besteht darin, die Kraft durch eine Fourier-Transformation in Sinus- und Cosinus-Funktionen zu zerlegen. Die Anpassung mit einer 6-Komponenten Funktion ist ebenso gut wie diejenige mit Gl. 4.1. Da jedoch bei den weiteren Schritten des Verfahrens mit dieser Art der Kraftbeschreibung keine eindeutigen Ergebnisse erzielt werden konnten, wurde dieser Ansatz nicht weiter verfolgt.

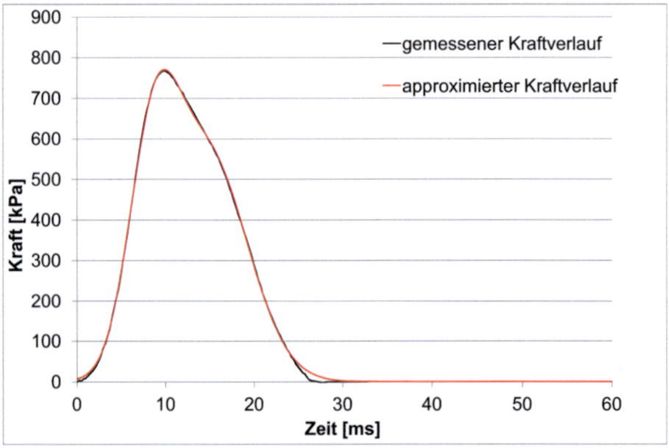

Abb. 4.2: Anpassung des Kraftverlaufes durch eine doppelte Gauss-Funktion

Mit der Kenntnis der Dehnungen, Kriech- und Spannungsfunktionen kann nun die Integralgleichung 2.43 für die entsprechenden Modelle gelöst werden. Die Herleitungen der Gleichungen sind in Anlage D ausgeführt. Eine Besonderheit besteht in der zeitabhängigen Belastung. Durch eine iterative Anpassung der berechneten an die tatsächlich gemessenen Verformungs-Zeit-Verläufe im Lastzentrum werden die jeweiligen Modellparameter als erstes Zwischenergebnis rückgerechnet. In Abb. 4.3 sind die Bezeichnungen der so bestimmten E-Moduln (E_X) schematisch erklärt. Der Index X weist dabei auf das Modell hin, auf dessen Grundlage die Rückrechnung erfolgt. So ist z.B. E_{KV} der E-Modul, der mittels der Anpassung mit einem Kelvin-Voigt-Modell ermittelt wurde. In Anlage **??** sind die weiteren Abkürzungen erläutert.

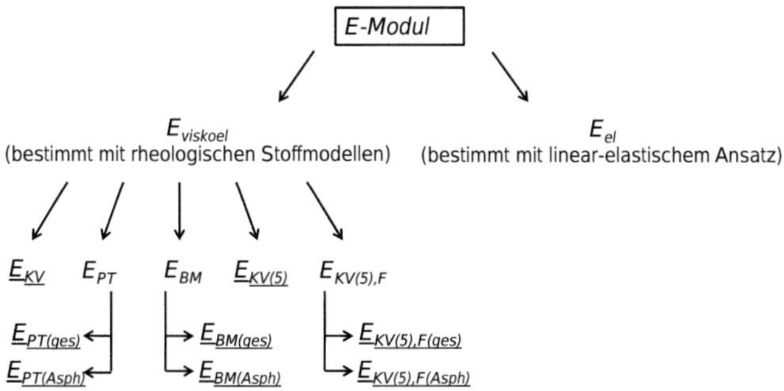

Abb. 4.3: Zuordnung der E-Modul-Bezeichnungen

Die Unterscheidung zwischen $E_{(ges)}$ und $E_{(Asph)}$ beim Poyting-Thomson-Modell, Burgers-Modell und bei der Kelvin-Voigt-Gruppe mit FEder ist auf die zweistufige Betrachtung dieser Modelle zurückzuführen. Dabei kann die Feder als repräsentativ für die elastischen Eigenschaften der Schichten ohne Bindemittel betrachtet werden, der Rest der Modelle beschreibt die viskoelastischen Eigenschaften der bituminös gebundenen Schichten, wie es in Abb. 4.4 am Beispiel des Poyting-Thomson-Modells dargestellt ist. Somit kann zunächst der

E-Modul vom Gesamtmodell ermittelt werden $E_{(ges)}$ und dann vom Teil des Modells ohne die Feder $E_{(Asph)}$.

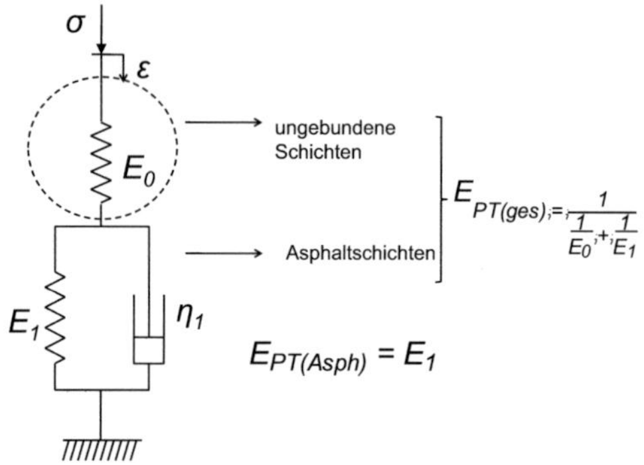

Abb. 4.4: Aufteilung der rheologischen Modelle für die Berechnung von $E_{(ges)}$ und $E_{(Asph)}$ am Beispiel des Poyting-Thomson-Modells

Die rechte Seite in Abb. 4.3 weist auf den E-Modul E_{el} hin. Dieser wird mit einem linear-elastischen Ansatz bestimmt. Im konkreten Fall handelt es sich um die in Kap. 2.2.2 beschriebene Rückrechnung auf der Grundlage der Plattentheorie.

Weitere Ergebnisse der Rückrechnung sind die Retardations- bzw. die Relaxationszeiten der Modelle entsprechend Kap. 2.3.

Im zweiten Schritt werden mechanische Systeme betrachtet, die aus Stoffen entsprechend den rheologischen Modellen bestehen. Der Lastfall des FWDs wird i.d.R. als ein System von Balken mit Topflast [32] oder Platte mit Topflast [25] beschrieben. Werden andere Randbedingungen angenommen, so kann er auch als ein beidseitig eingespannter Balken mit Topflast dargestellt werden. Unter Berücksichtigung der großen Plattenabmessungen im Vergleich zu dem Lastplattenradius kann die Belastung weiterhin vereinfachend als Einzelkraft angenommen werden. Diese vier unterschiedliche Systeme werden untersucht (Abb. 4.5).

Aufgrund der rotationssymmetrischen kreisförmigen Belastung werden für die beiden Plattensysteme zylindrische Koordinaten verwendet und somit keine rechteckigen, sondern rotationssymmetrische Platten betrachtet. Aus den zugehörigen Momentengleichungen werden durch zweifache Integration die Krümmungsgleichungen berechnet. Die Integrationskonstanten sind dabei aus den Randbedingungen eindeutig bestimmbar. Die entsprechenden Gleichungen sind in Anlage E abgeleitet.

Die Lastfälle Balken bzw. Platte auf elastischer Lagerung mit zeitabhängiger Belastung können nicht mit einer Gleichung in geschlossener Form gelöst werden und werden hier nicht weiter betrachtet.

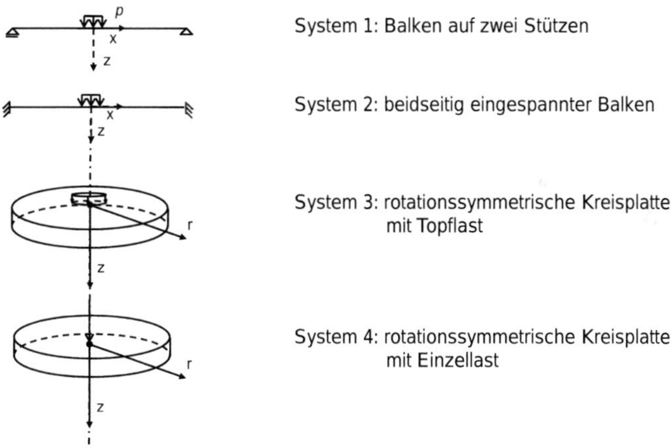

Abb. 4.5: Schematische Darstellung der verwendeten mechanischen Systeme

Einen erheblichen Einfluss auf die Berechnungsergebnisse haben die Systemabmessungen. Für diese werden realitätsnahe Annahmen für die verschiedenen Strecken getroffen, die in Tab. 4.1 zusammengefasst sind.

Strecke	**S1**	**S2**	**S3**
Randbedingungen	**Einfeldbalken (System 1 und 2)**		
Höhe [mm]	700 / 340	700 / 340	500 / 140
Länge [mm]	15.000	15.000	15.000
Breite [mm]	50	50	50
	rotationssymmetrische Kreisplatte (System 3 und 4)		
Höhe [mm]	700 / 340	700 / 340	500 / 140
Radius [mm]	7.500	7.500	7.500
Querdehnzahl [-]	temperaturabhängig zu berechnen		

Tab. 4.1: Annahmen für die Randbedingungen der mechanischen Systeme 1 bis 4 nach Abb. 4.5 für die ausgewählten Strecken S1 bis S3

Die Gesamthöhe des Systems entspricht derjenigen, die für die Berechnung der Dehnungen der rheologischen Modelle angesetzt wurde (Summe der Dicken der gebundenen und ungebundenen Schichten). Daher resultieren 700 mm bei S1 und S2 und 500 mm bei S3. Die drei Modelle Poyting-Thomson-Modell, Burgers-Modell und Kelvin-Voigt-Gruppe mit Feder können wie oben beschrieben in einen elastischen und viskosen Teil aufgeteilt werden. So können auch die wichtigen Fälle, in welchen der Balken bzw. die Platte die Asphaltschichten allein beschreiben, betrachtet werden. Es ergeben sich dazu die Höhen von 340 mm (S1 und S2) und 140 mm (S3).

Die Länge und die Breite beim Einfeldbalken (System 1 und 2) sowie der Radius bei der rotationssymmetrischen Platte (System 3 und 4) werden bei den drei Strecken (S1 bis S3) konstant gehalten, damit die Endergebnisse vergleichbar bleiben. Es kann jedoch keine Interpretation der Absolutwerte aufgrund deren Sensibilität bezüglich der Annahmen für die Eingangswerte erfolgen.

Für die Systeme 3 und 4 spielt noch die Querdehnzahl eine wichtige Rolle. Sie ist temperaturabhängig und wird näherungsweise nach Gl. 4.2 [46] berechnet.

$$\mu = 0{,}15 + \frac{0{,}35}{1 + \exp\left(3{,}1849 - 0{,}04233 \cdot \left(\frac{9}{5} \cdot T + 32\right)\right)} \tag{4.2}$$

Mit:

μ	Querdehnzahl [-]
T	Temperatur [°C]

Dabei wird nach Kap. 2.4.1 die mittlere Konstruktionstemperatur im 1/3-Punkt des Asphaltpaketes herangezogen, die durch die lineare Interpolation der während der Tragfähigkeitsmessungen in verschiedenen Tiefen gemessenen Temperaturen ermittelt wird. In Tab. 4.2 sind die Zahlenwerte für die Querdehnzahl der drei Strecken zusammengestellt (für die Strecke S3 entsprechend für jeden Messtermin (MT)).

Strecke	**S1**	**S2**	**S3**						
Messtermin	-	-	1. MT	2. MT	3. MT	4. MT	5. MT	6. MT	7. MT
μ [−]	0,23	0,32	0,35	0,21	0,35	0,34	0,29	0,23	0,28

Tab. 4.2: Querdehnzahl, berechnet aus der mittleren Konstruktionstemperatur im 1/3-Punkt des Asphaltpaketes, aufgezeichnet während den FWD-Messungen an den ausgewählten Strecken

Aus der Krümmung κ im Lastzentrum wird im letzten Schritt der Krümmungsradius $R0$ im Lastzentrum abgeleitet. Dieser Schritt wird zusammen mit Schritt 2 ausgeführt.

4.3 Geometrischer Ansatz

Die gemessene Deflexionsmulde kann bezüglich der Belastungsachse als symmetrisch angenommen werden. Die ersten drei bis vier Geophone liegen, wie es in Abb. 4.6 zu erkennen ist, so nah beieinander, dass die maximalen Verformungen nahezu zeitgleich eintreten, so dass die

Problematik der Wellenausbreitung und die zeitverschobenen Verformungen hier nicht relevant sind.

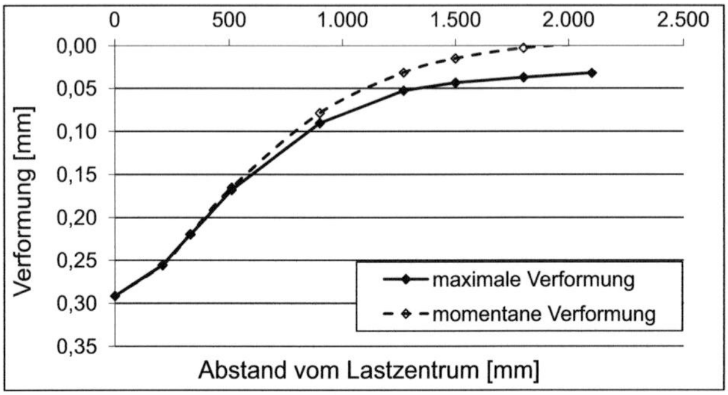

Abb. 4.6: Maximale und momentane Verformung zum Zeitpunkt des Erreichens des Maximums der Verformung im Lastzentrum $w_0(t) = max$

Um die Form der Deflexionsmulde im Lastzentrum zu beschreiben, kann die Mulde zunächst gespiegelt und anschließend ein Kreis durch die drei mittleren Punkte konstruiert werden. Sein Radius entspricht dabei dem gesuchten Krümmungsradius und wird als $R0_g$ bezeichnet. Mit der folgenden Gleichung kann dieser Zusammenhang auch formelmäßig beschrieben werden:

$$R0_g = \frac{(2r_1)^2}{8 \cdot (w_0 - w_1)} \tag{4.3}$$

Mit:

$R0_g$	Krümmungsradius im Lastzentrum [mm]
r_1	Entfernung des ersten Geophons vom Lastzentrum [mm]
w_0	im Lastzentrum gemessene Einsenkung [mm]
w_1	an der Stelle r_1 gemessene Einsenkung [mm]

Diese Gleichung beschreibt einen Kegelschnitt und entspricht der mit dem Krümmungsmesser hervorgerufenen Oberflächenverformung [38]. Der Krümmungsradius wird dabei zwar in Millimeter ausgegeben, für die weiteren Analysen erfolgt jedoch eine Umrechnung in Meter.

Anzumerken ist, dass die Kenngröße Krümmungsradius, wie in Abb. 2.7 und Abb. 2.8 in Kap. 2.2.2 dargestellt, immer in Verbindung mit der Geometrie der Biegelinie steht. Auch bei dem Ansatz von Jendia und bei dem rheologischen Ansatz werden diese Beziehungen verwendet. Durch die Regressionsgleichungen nach Jendia und Grätz für die Beschreibung der Deflexionsmulde wird sogar der vorhergehende Schritt, die Bestimmung der Biegelinie, auf der Grundlage der Geometrie vorgenommen. Der Unterschied in der Vorhgehensweise bei dieser explizit als geometrischer Ansatz eingeführten Berechnung beteht in der direkten Bestimmung des Krümmungsradius aus der gemessenen Verformungen an der Oberfläche. Deshalb und zur besseren Unterscheidung wird die Bezeichnung g nur bei der Berechnung nach Gl. 4.3 verwendet.

5 Analyse der Ergebnisse und Erkenntnisse

Die nach den in Kap. 4 beschriebenen Verfahren berechneten Krümmungsradien können in zwei Hauptgruppen eingeordnet werden (Abb. 5.1). Zur ersten Gruppe $R0_{emp}$ gehören die nach konventioneller Art und Weise ermittelten Krümmungsradien gemäß der Verfahren von Jendia und Grätz sowie der aus der Geometrie der Mulde resultierende Krümmungsradius $R0_g$. Zur zweiten Gruppe gehören die aus der Krümmung der vier mechanischen Systeme nach Abb. 4.5 abgeleiteten Krümmungsradien. Jedes System wird dazu mit den E-Moduln nach Abb. 4.3 berechnet, so dass sich analog der Bezeichnungen der E-Moduln auch diese für $R0$ ergeben. Nachfolgend werden diese Ergebnisse dargelegt und erläutert.

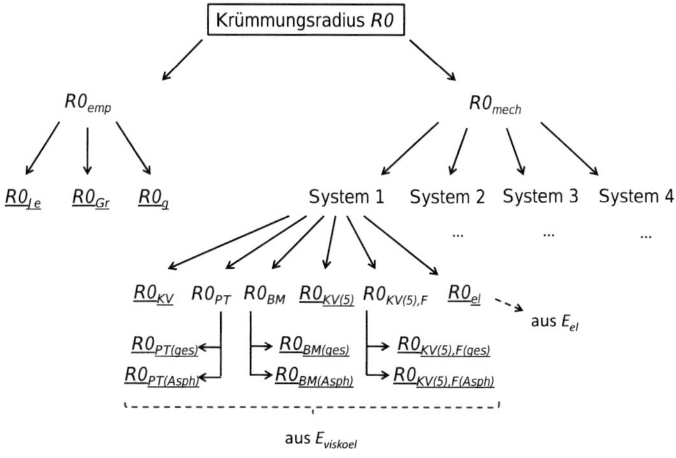

Abb. 5.1: Bezeichnungen der berechneten Krümmungsradien

Die Analyse der Ergebnisse erfolgt hinsichtlich des Zusammenhanges zwischen den empirischen und den auf der Grundlage der mechanischen Modelle ermittelten Kenngrößen (E-Moduln und Krümmungsradien). Diese Aussagen sind für die Begründung bzw. für die Verwendung des Krümmungsradius als eine Kenngröße, die sich auf den Zustand der Asphaltschichten bezieht, maßgeblich. Dazu werden zunächst die Abweichungen innerhalb dieser beiden Hauptgruppen betrachtet, damit der Einfluss sowohl der einzelnen Berechnungsverfahren als auch der Annahmen bei den Systemrandbedingungen verdeutlicht wird.

5.1 Der Krümmungsradius als Ergebnis von empirischen Ansätzen

Die nach den in Kap. 4.1 und Kap. 4.3 beschriebenen Ansätzen berechneten Krümmungsradien $R0_{Je}$, $R0_{Gr}$ und $R0_g$ werden als empirische Werte bezeichnet, da die Formeln hierfür nicht direkt aus mechanischen Zusammenhängen, sondern über statistische Korrelationen bzw. aus der Geometrie der Verformungsmulde abgeleitet sind; daher auch die allgemeine Bezeichnung $R0_{emp}$ (Abb. 5.1). Die Zahlenwerte, die aufgrund der Tragfähigkeitsmessdaten der ausgewählten Strecken S1 bis S3 ermittelt worden sind, sind in Anlage F.1 in tabellarischer Form zusammengefasst.

Eine grafische Darstellung der Ergebnisse der Strecke S1 in Form eines Streckenbandes in Abb. 5.2 zeigt, dass alle drei Krümmungsradien im Wesentlichen den gleichen charakteristischen Verlauf in Stationierungsrichtung aufweisen. Die Werte von $R0_{Je}$ sind dabei i.d.R. kleiner als die von $R0_g$ und diese wiederum sind kleiner als die von $R0_{Gr}$. Eine Ausnahme hiervon bildet das zweite Feld der Strecke, in dem die $R0_{Gr}$-Werte auf dem gleichen Niveau wie die $R0_{Je}$-Werte liegen. Die Streuungen von $R0_{Gr}$ sind dabei am größten.

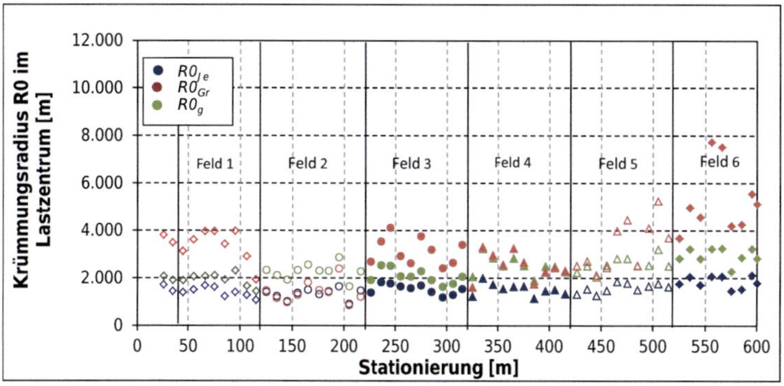

Abb. 5.2: Streckenband des Krümmungsradius R0 im Lastzentrum als Ergebnis von empirischen Ansätzen (Strecke S1)

Bei einem direkten Vergleich der Werte miteinander ergibt sich eine Korrelation zwischen $R0_{Je}$ und $R0_g$ mit einem Bestimmtheitsmaß R^2 zwischen 60 und 96 % in Abhängigkeit vom betrachteten Feld. Die Zusammenhänge sind in Abb. 5.3 dargestellt. Der niedrigste Wert ist im Feld 1 zu verzeichnen und ist damit zu begründen, dass die Anzahl der Wertepaare so gering ist, dass die Abweichung an nur einer Stelle das Bestimmtheitsmaß stark beeinflusst, was hier der Fall ist. Ansonsten ist R^2 sogar in den Feldern mit RC-Material > 80 %. Zwischen $R0_{Je}$ und $R0_{Gr}$ beträgt das Bestimmtheitsmaß zwischen 53 und 87 % und zwischen $R0_g$ und $R0_{Gr}$ zwischen 44 und 91 %. D.h. auch wenn die Krümmungsradien unterschiedlich ermittelt worden sind, stehen diese in Zusammenhang zueinander, wobei die besten Korrelationen zwischen $R0_{Je}$ und $R0_g$ bestehen.

Anzumerken ist, dass nach den Ausführungen in Kap. 3.1 die Felder 1 und 3 der Regelbauweise entsprechen und damit auch für die weiteren Untersuchungen relevant sind. Bei den übrigen Feldern wird vermutet, dass aufgrund der in den ungebundenen Tragschichten eingesetzten RC-Baustoffen und der Liegedauer eine gewisse Verfestigung dieser Schichten eingetreten ist, so dass diese zum Teil als gebundene Schichten wirken. Das sehr niedrige Niveau der Werte des Tragfähigkeitsindikators UI in diesen Bereichen bekräftigt diese Vermutung. D.h. es ist nicht auszuschließen, dass in diesen Bereichen der Krümmungsradius nicht mehr maßgeblich vom Zustand der Asphaltschichten beeinflusst wird.

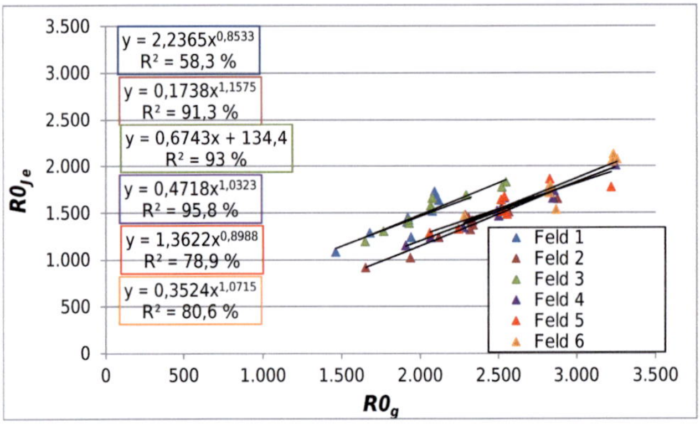

Abb. 5.3: Korrelation zwischen den Krümmungsradien $R0_{Je}$ und $R0_g$ (Strecke S1)

Ähnlich wie bei der Strecke S1 stellt sich das Verhältnis der Ergebnisse bei den beiden anderen Strecken dar. Bei S2 (Abb. 5.4) ist auffällig, dass im Bereich der ersten 150 m vom Messanfang die Streuungen von $R0_{Gr}$ sehr groß sind und die Werte auf einem viel höheren Niveau als die entsprechenden Werte von $R0_{Je}$ und $R0_g$ liegen. Im zweiten Bereich zwischen 150 m und 300 m liegen die Werte etwas tiefer im Diagramm, betragen aber immer noch das Zweifache der beiden anderen Krümmungsradien. Erst im letzten Bereich sind die Größenordnungen gleich, die Reihung bleibt jedoch beibehalten. In den Verläufen von $R0_{Je}$ und $R0_g$ ist der gleiche Abfall zu erkennen, der allerdings nicht so stark ausgeprägt ist. Diese Beobachtungen werden durch die vor Ort visuell erfassten Risse erklärt und weisen auf den schlechteren Zustand der gebundenen Schichten in diesem Bereich des Abschnitts hin.

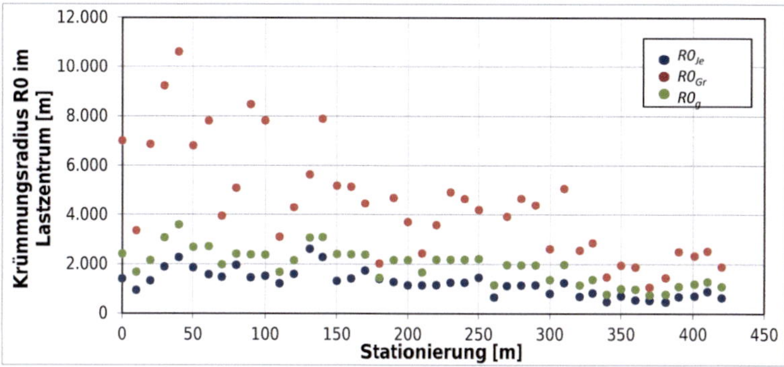

Abb. 5.4: Streckenband des Krümmungsradius R0 im Lastzentrum als Ergebnis von empirischen Ansätzen (Strecke S2)

In einem direkten Vergleich der Krümmungsradien ergeben sich Korrelationen zwischen $R0_{Je}$ und $R0_g$ von R^2= 91 %, zwischen $R0_{Je}$ und $R0_{Gr}$ von 76 % und zwischen $R0_g$ und $R0_{Gr}$ von 45 %.

Bei der Strecke S3 sind an allen Messterminen die Werte für die Krümmungsradien nach allen drei Ansätzen im Allgemeinen sehr ähnlich. In Abb. 5.5 sind beispielhaft die Ergebnisse am ersten Messtermin dargestellt. Die Streckenbänder zu den Messterminen zwei bis sieben sind der Anlage F.1 zu entnehmen. Aufgrund des dünnen Aufbaus liegen die Werte in anderen Größenordnungen im Vergleich zu denen der Strecken S1 und S2, erkennbar auch durch die andere Skalierung der Ordinate im Diagramm. $R0_{Je}$ ist zwar tendenziell der niedrigste Wert, die Differenz zu den anderen beiden Krümmungsradien ist bezüglich dem Niveau und der Streuung der Werte minimal.

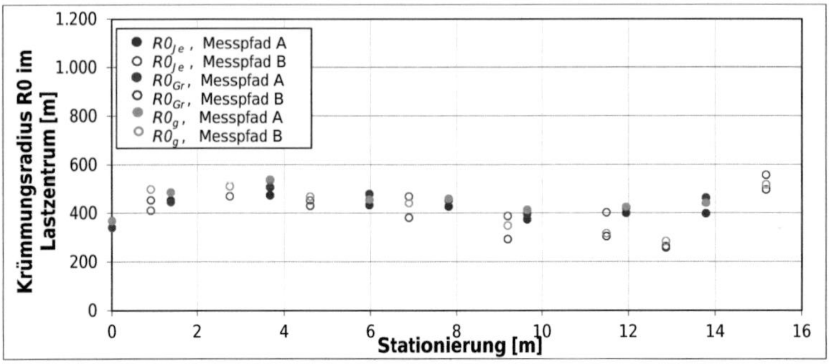

Abb. 5.5: Streckenband des Krümmungsradius R0 im Lastzentrum als Ergebnis von empirischen Ansätzen (Strecke S3, MT1)

Beim direkten Vergleich der Werte ergeben sich dadurch auch sehr gute Korrelationen: $R0_{Je}$ und $R0_g$ von $R^2 > 91$ %, zwischen $R0_{Je}$ und $R0_{Gr}$ von 73 bis 78 % und zwischen $R0_g$ und $R0_{Gr}$ von 73 bis 93 %.

Fazit

Mit den drei empirisch ermittelten Krümmungsradien $R0_{Je}$, $R0_{Gr}$ und $R0_g$ werden die unterschiedlichen Verhältnisse innerhalb der drei Strecken ähnlich beschrieben. Die Absolutwerte von $R0_{Je}$ und $R0_g$ liegen dabei im Allgemeinen auf einem ähnlichen Niveau, diejenigen von $R0_{Gr}$ sind zum Teil viel größer und haben i.d.R. sehr große Streuungen. Dementsprechend sind die Korrelationen zwischen $R0_{Je}$ und $R0_g$ sehr gut im Unterschied zu $R0_{Je}$ und $R0_{Gr}$. Für die Handhabung ist die Berechnung von $R0_g$ schnell und mit den wenigsten Unsicherheiten behaftet, da die Deflexionsmulde nicht mit Regressionsgleichungen approximiert werden soll.

5.2 Der Krümmungsradius als Ergebnis von rheologischen Ansätzen

5.2.1 Rückrechnung von Modellkenngrößen

Für die iterative Bestimmung der E-Moduln werden wie in Kap. 4.2 beschrieben die im Lastzentrum gemessenen zeitabhängigen Verformungen mit den in Anlage D abgeleiteten viskoelastischen Ansatzfunktionen angepasst. Gleichzeitig werden die Retardations- und die Relaxationszeiten der Modelle ermittelt. Die Güte der Anpassung wird mit Hilfe des Programms MATLAB mit der Methode der kleinsten Quadrate über das Bestimmtheitsmaß R^2 berechnet und beträgt bei jedem Messpunkt über 95 %. In den Fällen, bei denen die Krafteinleitung vom typischen Verlauf deutlich abweicht und z.B. zwei stark ausgeprägte Spitzen aufweist, ist die Anpassung der Verformung etwas schlechter.

Die Bezeichnungen der ermittelten E-Moduln sind in Abb. 4.3 schematisch dargestellt und in Anlage ?? erläutert. Diese können in E_{el}, bestimmt auf der Grundlage der linear-elastischen Plattentheorie, und $E_{viskoel}$, bestimmt mit Hilfe von rheologischen Ansätzen, aufgeteilt werden. Zur zweiten Gruppe zählen E_{KV}, E_{PT}, E_{BM}, $E_{KV(5)}$ und $E_{KV(5),F}$, wobei die Indizes auf die zugrunde gelegten rheologischen Modelle hinweisen. E_{KV} und $E_{KV(5)}$ entsprechen dabei stets E-Moduln des Gesamtsystems der gebundenen und ungebundenen Schichten mit einer angenommenen Dicke von 700 mm (S1 und S2) bzw. 500 mm (S3) gemäß Tab. 4.1. Bei E_{PT}, E_{BM} und $E_{KV(5),F}$ kann dagegen zwischen E-Moduln des Asphaltpakets ($E_{PT(Asph)}$, $E_{BM(Asph)}$ und $E_{KV(5),F(Asph)}$) mit einer Dicke von 340 mm (S1 und S2) bzw. 140 mm (S3) und E-Moduln des Gesamtsystems ($E_{PT(ges)}$, $E_{BM(ges)}$ und $E_{KV(5),F(ges)}$) mit einer Dicke von 700 mm (S1 und S2) bzw. 500 mm (S3) unterschieden werden. Alle Ergebnisse sind in Anlage F.2 in tabellarischer Form zusammengefasst.

In Abb. 5.6 ist die Anpassung der im Lastzentrum gemessenen Verformung mit einem einfachen Kelvin-Voigt-Modell an ausgewählten

Punkten je Strecke exemplarisch dargestellt. Es zeigt sich, dass schon mit diesem Modell die Verformungen sehr gut beschrieben werden können. Dabei werden unterschiedliche Verformungsverläufe deutlich: Die Steigung während der Belastungsphase, der Scheitelpunkt sowie die Rückverformungsbereiche haben bei jeder der drei Strecken charakteristische Ausprägungen. Dabei werden die unterschiedlichen Aufbauten, Materialeigenschaften sowie Randbedingungen während der Messungen widergespiegelt. Diese unterliegen zwar im Verlauf der Streckenstationierung gewissen Schwankungen, die Grundform bleibt jedoch relativ konstant. Anhand des obersten Diagramms (S1) wird dies deutlich. Darin sind z.B. die Anpassungen der Verformungen an zwei Messpunkten der Strecke S1 dargestellt, die entsprechend in den Feldern 1 und 4 aufgenommen wurden: Aufgrund der unterschiedlichen Arten der Materialien in den Tragschichten ohne Bindemittel ist die am Messpunkt 4 gemessene Verformung vom Betrag her fast doppelt so hoch gegenüber derjenigen am Messpunkt 36, die Form der beiden Kurven ist jedoch sehr ähnlich. Aufgrund des vergleichsweise dünnen Aufbaus der Strecke S3 sind die Verformungen deutlich größer als bei den Strecken S1 und S2, so dass für die Ordinate des Diagramms eine andere Skalierung gewählt wurde.

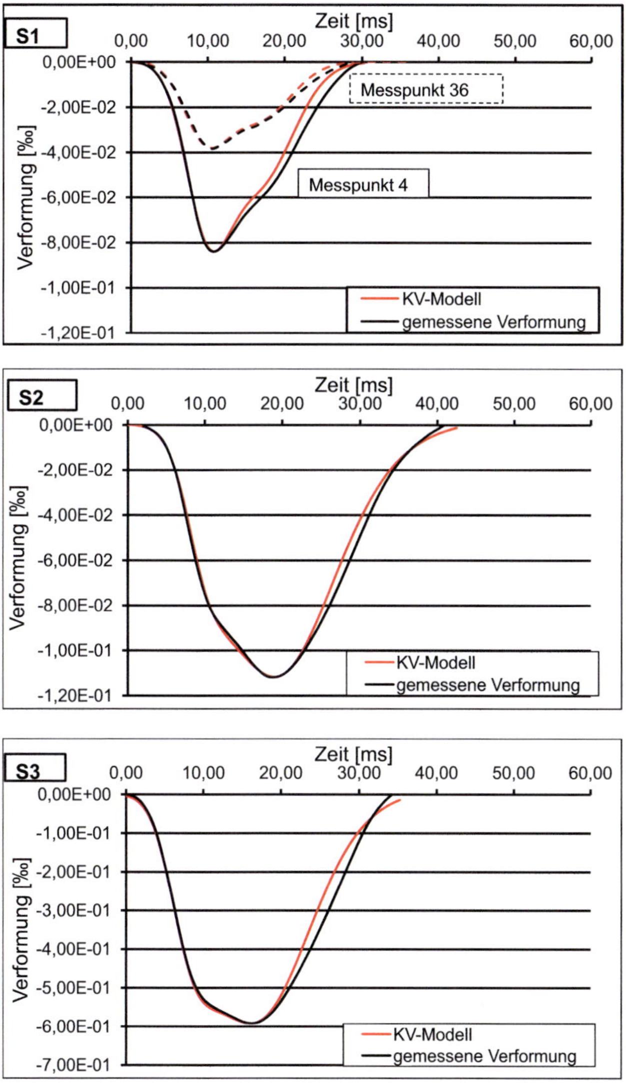

Abb. 5.6: Anpassung der am ersten Geophon gemessenen Verformung $\varepsilon(t)$ an ausgewählten Messpunkten von Strecke S1 (oben), S2 (mitte) und S3 (unten, mit anderer Skalierung der Ordinate) mit dem Kelvin-Voigt-Modell

Die Anpassung mit den übrigen rheologischen Modellen sieht sehr ähnlich aus. Geringfügige Unterschiede treten beim Poyting-Thomson-Modell, beim Burgers-Modell und bei der Kelvin-Voigt-Gruppe mit Feder auf, da wegen der Feder die Verformungen ca. 0,75 bis 1,0 ms früher als beim Kelvin-Voigt-Modell bzw. der Kelvin-Voigt-Gruppe beginnen.

Beim Vergleich der Ergebnisse in Tab. F.6 bis Tab. F.9 der Anlage F.2 fällt auf, dass für jede Strecke bzw. für jeden Messtermin die rückgerechneten E-Moduln des Gesamtsystems $E_{(ges)}$ unabhängig von den zugrunde gelegten rheologischen Modellen i.A. deckungsgleich sind. Das gleiche gilt auch für die rückgerechneten E-Moduln des Asphaltpaketes $E_{(Asph)}$. Bei jeder der drei Strecken liegen diese auf einem unterschiedlichen Niveau, wobei erwartungsgemäß S1 die höchsten und S3 die niedrigsten E-Moduln aufweisen. Diese Reihung sowie die Größenordnungen der Werte sind unter Berücksichtigung der Tragfähigkeit der Strecken und der Untersuchungen im Labor zum Steifigkeitsverhalten der Bohrkerne der Strecken S1 und S2 plausibel.

Durch die Betrachtung der Asphaltschichten als ein Gesamtpaket werden wichtige Faktoren wie der Schichtenverbund, der Hohlraumgehalt, lokale Fehlstellen innerhalb der Schichten oder an den Schichtgrenzen etc. indirekt berücksichtigt. Damit können zwar die einzelnen Einflüsse nicht detailliert erfasst werden, auf der anderen Seite kann jedoch so die komplizierte Interaktion dieser und anderer Randbedingungen in die Rückrechnung einfließen.

Die Retardationszeiten sind ebenso wie die E-Moduln streckenspezifisch. Analog zu den E-Moduln sind auch die mit den unterschiedlichen rheologischen Modellen ermittelten Retardationszeiten an jedem Messpunkt im Mittel gleich - wenn bei den beiden Kelvin-Voigt-Gruppen einzelne Retardationszeiten reduziert werden, so müssen andere dementsprechend erhöht werden, damit weiterhin eine optimale Anpassung erreicht wird. Im Mittel beträgt τ bei S1 in Abhängigkeit des Feldes zwischen 0,7 und 2,5 ms, bei S2 etwa 5 ms und bei S3 in Abhängigkeit des Messtermins im Mittel zwischen 3,2 und 3,6 ms. D.h. alle drei

Strecken haben unterschiedliche Reaktionszeiten, die jedoch nicht unbedingt oder nicht allein mit deren Aufbaudicke oder Temperatur während der Messung erklärt werden können. Diesbezüglich sind zunächst keine Zusammenhänge erkennbar, da die Strecke mit der geringsten Aufbaudicke die mittleren Retardationszeiten aufweist. Auch bei Betrachtung einzelner auffälliger Punkte innerhalb der Strecken konnten keine weiterführenden Erkenntnisse über den Zusammenhang der Retardationszeit mit Tragfähigkeitskenngrößen oder visuellen Streckencharakteristika festgestellt werden. Lediglich bei der Strecke S3 sind leichte Tendenzen bei der Gegenüberstellung der Retardationszeit mit der Konstruktionstemperatur während der einzelnen Messtermine zu erkennen (Abb. 5.7). D.h. bei höheren Temperaturen sind tendenziell kürzere Retardationszeiten zu erwarten; das Material reagiert schneller.

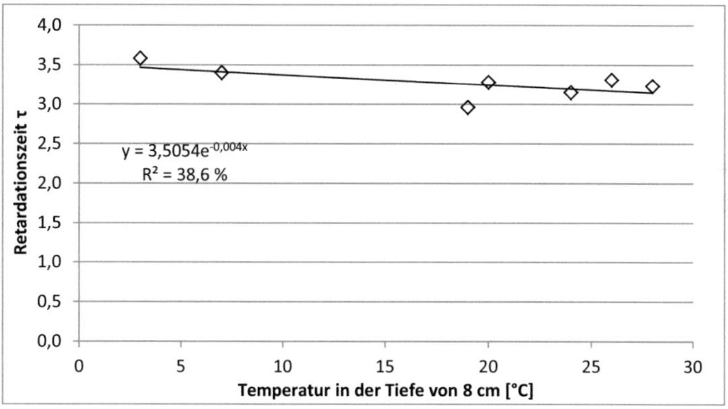

Abb. 5.7: Korrelation zwischen der Konstruktionstemperatur T [°C] und der Retardationszeit τ [ms] (Strecke S3)

Einen erheblichen Einfluss auf die Retardationszeit haben die Art, die Menge und der Grad der Alterung des Bindemittels in den Asphaltschichten sowie weitere materialspezifische Kenngrößen, die hier nicht erfasst wurden und die nur in Rahmen von Laboruntersuchungen zu bestimmen sind.

I.d.R. werden die Verformungen betrachtet, die durch den Laststoß von ca. 50 kN hervorgerufen werden. Die Kraft-Zeit-Verläufe fließen dabei ebenso in die Berechnung ein. Stichpunktartig wurden die Verformungen bei einer Belastung von ca. 90 kN approximiert und die Materialkenngrößen berechnet. Dabei zeigte sich, dass die E-Moduln sich kaum ändern, dafür aber die Retardationszeiten τ um 1 ms länger werden.

Bei den Anpassungen mit dem Burgers-Modell wurde noch die Relaxationszeit berechnet. Diese liegt zwischen 80 und 400 ms bei allen drei Strecken, beeinflusst das Ergebnis aber nur marginal. Es zeigt sich, dass der Dämpfer des Maxwell-Modells nicht aktiviert wird und somit keinen Einfluss auf die Verformung hat. Deshalb geht auch die Approximation der Verformung auf den Ausgangswert zurück und wird vollkommen zurückgebildet. Aufgrund der Aussage, dass das Maxwell-Modell im Burgers-Modell i.d.R. das sekundäre Kriechen beim Asphalt beschreibt, ist es auch plausibel, dass durch die Art und Dauer der Stoßbelastung des FWD diese Verformungsanteile nicht angesprochen werden.

5.2.2 Berechnung des Krümmungsradius

Mit den ermittelten E-Moduln und Retardations- bzw. Relaxationszeiten wurden wie in Kap. 4.2 beschrieben mit den in Anlage E abgeleiteten Formeln die Krümmungen κ und daraus die Krümmungsradien $R0$ im Lastzentrum berechnet. Die Ergebnisse sind in Anlage F.2 tabellarisch dargestellt.

Die gleichen Zusammenhänge wie bei den E-Moduln (Kap. 5.2.1) sind bei den Krümmungsradien zu erkennen. Bei den drei Strecken liegen diese entsprechend auf unterschiedlichen Niveaus. Bei Betrachtung der unterschiedlichen mechanischen Systeme (1, 2, 3 und 4 nach Abb. 4.5) werden zum Teil ganz andere Größenordnungen ersichtlich, die Zusammenhänge jedoch bleiben aufgrund der gleichen Annahmen und Eingangswerte dieselben. I.d.R. ist $R0_3 >> R0_2 > R0_1 > R0_4$, wobei der Index auf die Systemnummer hinweist. Dies kann mit den unterschiedlichen Randbedingungen (Auflager und Form des Systems) bei der sonst gleichen Geometrie (Höhe, Länge, Breite) erklärt werden. Ferner führen gleiche E-Moduln innerhalb der Strecken nicht zwingend zu den gleichen Krümmungsradien, wenn diese mit dem gleichen System berechnet werden, da noch die Unterschiede in den aufgebrachten Kraft-Zeit-Verläufen berücksichtigt werden.

In Abhängigkeit des zugrunde gelegten rheologischen Modells bzw. der E-Moduln ergeben sich entsprechend andere Krümmungsradien. Um diese Unterschiede zu verdeutlichen, sind in Tab. 5.1 beispielhaft die Mittelwerte der Krümmungsradien der drei Strecken S1 bis S3, berechnet für das System 1 (Balken auf zwei Stützen), dargestellt.

	$R0_{el}$	$R0_{KV}$	$R0_{PT\ (ges)}$	$R0_{PT\ (Asph)}$	$R0_{BM\ (ges)}$	$R0_{BM\ (Asph)}$	$R0_{KV(5)}$	$R0_{KV(5),F\ (ges)}$	$R0_{KV(5),F\ (Asph)}$
S1									
Feld 1	818	13.627	13.630	1.894	13.478	1.904	13.707	13.720	1.910
Feld 2	4.158	38.226	38.245	8.092	37.019	8.101	38.159	38.328	8.126
Feld 3	878	19.199	19.209	2.878	18.850	2.879	19.211	19.214	2.879
Feld 4	3.801	31.604	31.653	5.847	30.917	5.873	31.647	31.777	5.879
Feld 5	5.761	28.160	28.155	4.848	27.400	4.853	28.170	28.247	4.873
Feld 6	5.351	19.899	19.874	3.035	19.645	3.053	19.895	19.885	3.036
S2									
	3.298	9.747	9.613	1.255	9.524	1.254	9.675	9.579	1.250
S3									
1. MT	719	693	692	16	677	15	692	689	16
2. MT	2.504	734	733	17	726	17	736	733	17
3. MT	547	696	696	16	696	16	698	699	16
4. MT	1.732	888	888	20	885	20	925	923	21
5. MT	2.903	1.131	1.129	26	1.123	26	1.157	1.130	26
6. MT	2.199	1.190	1.185	27	1.222	28	1.191	1.190	27
7. MT	2.647	698	696	16	694	16	694	695	16

Tab. 5.1: Mittelwerte des Krümmungsradius der drei Strecken S1 bis S3 für das System 1 nach Abb. 4.5 (Balken auf zwei Stützen)

Bei der Berechnung mit einem System, das die gebundenen und ungebundenen Schichten beinhaltet, ist der Krümmungsradius $R0_{(ges)}$ zum Teil um mehr als das Zehnfache größer im Vergleich zum Krümmungsradius $R0_{(Asph)}$.

Die Krümmungsradien R_{el}, berechnet mit dem E-Modul auf der Grundlage der linear-elastischen Plattentheorie, sind deutlich kleiner als $R0_{(ges)}$ für das Gesamtsystem, aber zum Teil größer als der Krümmungsradius $R0_{(Asph)}$ für die Asphaltschichten.

5.3 Gegenüberstellung der unterschiedlichen Ansätze

Die in Kap. 5.1 ermittelten empirischen Krümmungsradien ($R0_{Je}$, $R0_{Gr}$, $R0_g$) werden in einfachen Regressionsanalysen mit den in Kap. 5.2.1 und Kap. 5.2.2 ermittelten mechanischen E-Moduln (E_{KV}, E_{PT}, E_{BM}, $E_{KV(5)}$, $E_{KV(5),F}$) und Krümmungsradien ($R0_{KV}$, $R0_{PT}$, $R0_{BM}$, $R0_{KV(5)}$, $R0_{KV(5),F}$) verglichen. Die Güte der Zusammenhänge ist in Form von Bestimmtheitsmaßen R^2 der entsprechenden Potenzgleichungen in Anlage F.3 tabellarisch zusammengefasst.

Der Zusammenhang zwischen den empirisch berechneten Krümmungsradien $R0_{emp}$ und den E-Moduln $E_{viskoel}$ und E_{el} ist insofern wichtig, da es sich hier um einen direkten Vergleich zwischen dem Krümmungsradius R0 im Lastzentrum und einem Stoffkennwert handelt. Bei dem Vergleich mit dem Krümmungsradius $R0_{mech}$ geht es dagegen um eine abgeleitete Kenngröße, deren Wert durch die Systemauswahl und die Annahmen für die Randbedingungen beeinflusst wird und somit zusätzlicher Streuungen unterliegt.

5.3.1 Vergleich zwischen den empirisch berechneten Krümmungsradien $R0_{emp}$ und den E-Moduln $E_{viskoel}$ und E_{el}

Die Zusammenhänge zwischen den Krümmungsradien $R0_{Je}$ und den E-Moduln $E_{viskoel}$, die auf der Grundlage der Tragfähigkeitsmessungen auf den Feldern 1 und 3 (mit ToB aus natürlichen Gesteinskörnungen) der Strecke S1 berechneten wurden, sind mit einem Bestimmtheitsmaß zwischen 64 und 78 % als gut zu bezeichnen. Die Korrelationen mit $R0_{Gr}$ sind im Feld 1 mit $R^2 > 64$ % noch gut, im Feld 3 dagegen mit einem Bestimmtheitsmaß von zum Teil nur 40 % schlecht. Die im Allgemeinen besten Zusammenhänge ergeben sich zwischen $R0_g$ und den E-Moduln $E_{viskoel}$ und haben ein Bestimmtheitsmaß von über 69 %. In Abb. 5.8 sind beispielhaft die Korrelationen für die Ergebnisse des Feldes 3, getrennt für die E-Moduln der gebundenen Schichten und des Gesamtsystems, grafisch dargestellt.

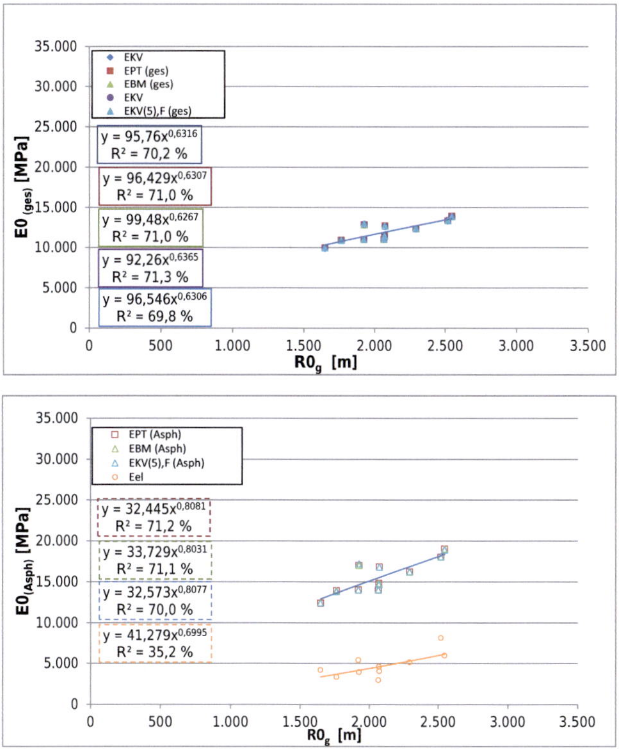

Abb. 5.8: Korrelation zwischen dem Krümmungsradius $R0_g$ und den E-Moduln $E_{(ges)}$ und $E_{(Asph)}$ (Strecke S1, Feld 3)

In Anlage F.3 ist in den entsprechenden Tabellen die Besonderheit der Felder 2, 4, 5 und 6 (Verfestigung des RC-Materials) deutlich zu erkennen, da sich hier völlig andere Korrelationen ergeben als in den Feldern mit ungebundenen Tragschichten aus natürlichen Gesteinskörnungen. Die Korrelationen der Krümmungsradien $R0_{emp}$ mit den E-Moduln E_{el} sind bis auf wenige Fälle nur mit sehr niedrigen Bestimmtheitsmaßen zu charakterisieren und dadurch als sehr schlecht zu identifizieren.

Die Analysen bei der Strecke S2 zeigen, dass die Zusammenhänge zwischen $R0_{Je}$ und den E-Moduln ähnlich sind wie bei $R0_{Gr}$ und den E-Moduln; sie liegen bei ca. 40 %. Ebenso wie bei der Strecke S1 werden die besten Ergebnisse zwischen $R0_g$ und den E-Moduln erzielt. Das maximale Bestimmtheitsmaß R^2 ist jedoch etwas niedriger und beträgt 62 % (zwischen $R0_g$ und $E_{KV(5)}$). Ein Grund für die schwächeren Zusammenhänge könnte die teilweise noch vorhandene hydraulische Verfestigung sein, die bei der Bohrkernentnahme festgestellt worden ist.

Bei der Strecke S3 variiert das Bestimmtheitsmaß R^2 zwischen $R0_{Je}$ und E in Abhängigkeit vom Messtermin zwischen 56 und 68 %. Zwischen $R0_{Gr}$ und E beträgt das höchste Bestimmtheitsmaß 33 %; zwischen $R0_g$ und E streut es zwischen 68 und 82 %. Einzige Ausnahme hiervon macht der Zusammenhang zwischen $R0_g$ und $E_{KV(5),F}$ am zweiten Messtermin, bei dem das Bestimmtheitsmaß lediglich 57 % beträgt. Die Korrelationen mit den E-Moduln E_{el} sind wie bei der Strecke S3 sehr schlecht.

Im Allgemeinen gilt, dass die Zusammenhänge zwischen den E-Moduln, bestimmt für das gesamte System mit dem Index (ges), und den Krümmungsradien sehr ähnlich mit diesen zwischen den E-Moduln, bestimmt für die Asphaltschichten mit dem Index (Asph), und den Krümmungsradien sind. Dies deutet darauf hin, dass $E_{(ges)}$ maßgeblich vom $E_{(Asph)}$ beeinflusst wird.

5.3.2 Vergleich zwischen den empirisch berechneten und den aus den rheologischen Ansätzen berechneten Krümmungsradien $R0_{emp}$ und $R0_{mech}$

Wie in Kap. 5.2.2 erläutert ergeben sich für die verschiedenen mechanischen Systeme 1 bis 4 nach Abb. 4.5 unterschiedliche Krümmungsradien. Beim Vergleich dieser mit den empirisch berechneten Kenngrößen $R0_{emp}$ wird deutlich, dass die Zusammenhänge dazwischen immer diegleichen sind, unabhängig von der Systemwahl. D.h. das Bestimmtheitsmaß der Korrelation zwischen $R0_{Je}$ z.B. und $R0_{KV}$, berechnet mit System 1, ist dasgleiche wie zwischen $R0_{Je}$ z.B. und $R0_{KV}$, berechnet mit den Systemen 2, 3 und 4.

Die Zusammenhänge sind ähnlich wie bei den Korrelationen der E-Moduln, nur die Bestimmtheitsmaße sind etwas höher. Die besten Zusammenhänge werden mit dem Burgers-Modell und mit der Kelvin-Voigt-Gruppe erreicht, wobei die anderen unwesentlich schwächer sind. Beispielsweise ist in Abb. 5.9 der Zusammenhang zwischen den Krümmungsradien, berechnet aus der gemessenen Verformung im Feld 3 der Strecke S1, grafisch dargestellt.

Die Absolutwerte können nicht direkt mit den Absolutwerten aus den empirischen Ansätzen verglichen werden, da die Systemrandbedingungen ganz unterschiedlich sind, die Zusammenhänge sind jedoch ersichtlich.

Bezüglich der Kenngröße Krümmungsradius ist anzumerken, dass er tatsächlich die gebundenen Schichten beschreibt, wenn der Untergrund nicht zu steif ist, da die unteren Schichten eine Durchbiebung der oberen soweit erlauben, wie ihre Steifigkeit es zulässt. Dann ist auch der Zusammenhang zwischen E und R0 größer, wobei für R0 noch andere Faktoren bestimmend sind. Wenn die unteren Schichten sehr steif sind, wie z.B. mit der Zeit verfestigte RC-Schichten, dann funktioniert das System anders: die unteren Schichten verhindern die Biegung der oberen und das System kann und darf nicht mehr als beidseitig gelagerter Balken oder Platte dargestellt, sondern muss mindestens als Balken oder Platte mit Federlagerung betrachtet werden. So ist der Krümmungsradius, der hier berechnet wird, nicht mehr Indikator für die gebundenen Schichten, sondern für die gesamte Konstruktion. Deshalb sind die Zusammenhänge in den Feldern 2, 4, 5 und 6 der Strecke S1 andere.

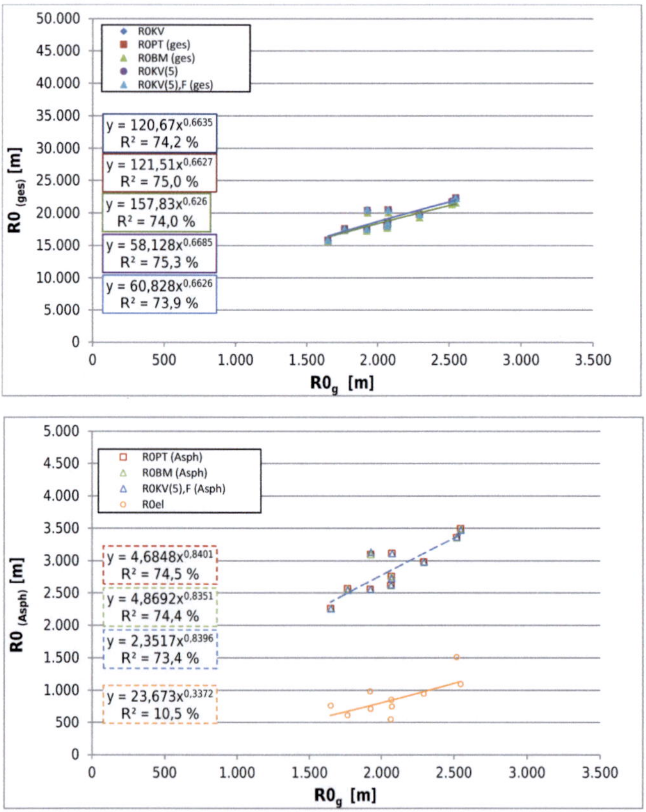

Abb. 5.9: Korrelation zwischen den Krümmungsradien $R0_g$ und $R0_{mech}$ (Strecke S1, Feld 3)

5.4 Fazit

Die Betrachtungen zeigen, dass die Reaktion der Straße bei der Beanspruchung mit dem FWD in ein rheologisches Modell übertragen werden kann. Dazu ist ein einfaches Kelvin-Voigt-Modell genauso gut geeignet wie eine Kelvin-Voigt-Gruppe mit Feder - die Anpassung der Verformungen wird in den beiden Fällen mit einem sehr hohen Bestimmtheitsmaß erreicht. Die viskosen und die elastischen Anteile können dabei getrennt rückgerechnet werden. Daraus werden die Krümmungsradien unter Auswahl mechanischer Systeme als der reziproke Wert der Krümmung im Lastzentrum berechnet. Für die beiden Berechnungen müssen Annahmen für die E-Moduln der ungebundenen Schichten und für die Systemabmessungen getroffen werden, so dass die Ergebnisse nur vergleichend analysiert werden dürfen und von einer Bewertung der Absolutwerte abgesehen werden sollte.

Aus diesem Grund und weil die Berechnung mit den vier ausgewählten mechanischen Systemen zu Krümmungsradien in unterschiedlichen Größenordnungen führt, ist eine Bewertung auf der Grundlage der mechanisch ermittelten Werte zur Zeit noch nicht sinnvoll. Beim Vergleich mit den empirischen Werten ist jedoch die Güte der Zusammenhänge unabhängig von der Systemwahl. Dabei zeigt sich, dass sowohl der Krümmungsradius $R0_{Je}$ als auch der Krümmungsradius $R0_g$ gut mit den rückgerechneten E-Moduln $E_{viskoel}$ und mit daraus berechneten Krümmungsradien $R0_{viskoel}$ korreliert. Somit wird deutlich, dass die empirischen Krümmungsradien mit den abgeleiteten mechanischen Kenngrößen in Zusammenhang stehen und für die Bewertung des Zustandes der Asphaltschichten von Konstruktionen der Ziele 1 der RStO 01 durchaus geeignet sind. Aufgrund der linear-elastischen Annahmen auf der einen Seite und der Systemvereinfachungen auf der anderen Seite ist nicht zu erwarten, dass dieser Zusammenhang mit einem viel zu hohen Bestimmtheitsmaß beschrieben wird. Weitere Untersuchungen an Strecken mit anderen Aufbauten und anderen Bauklassen können noch erfolgen, der ermittelte Bestimmtheitsmaß von ca. 70 % kann jedoch zunächst als hinreichend angenommen werden, so dass die empirische Berechnung weiterhin für die Bewertung hinzugezogen werden darf. Vor allem $R0_g$ ist ein Wert, der durch die schnelle Ermittlung und die gute Korrelation zu $R0_{Je}$ sehr gut geeignet ist.

Nach diesen ersten Erkenntnissen können die Einflüsse, vor allem der Kraft und der Temperatur, systematisch ausgearbeitet werden. In Abb. 5.10 ist beispielhaft für die Strecke S3 die Änderung des Krümmungsradius $R0_g$ in Abhängigkeit der Temperatur mit einem Bestimmtheitsmaß von 75 % dargestellt. Bei höheren Temperaturen sind geringere Krümmungsradien zu erwarten. Ca. 69 % beträgt das Bestimmtheitsmaß der Korrelation, wenn anstelle der mit dem geometrischen Ansatz berechneten Krümmungsradius $R0_g$ der mit dem Ansatz nach Jendia berechnete Krümmungsradius $R0_{Je}$ betrachtet wird.

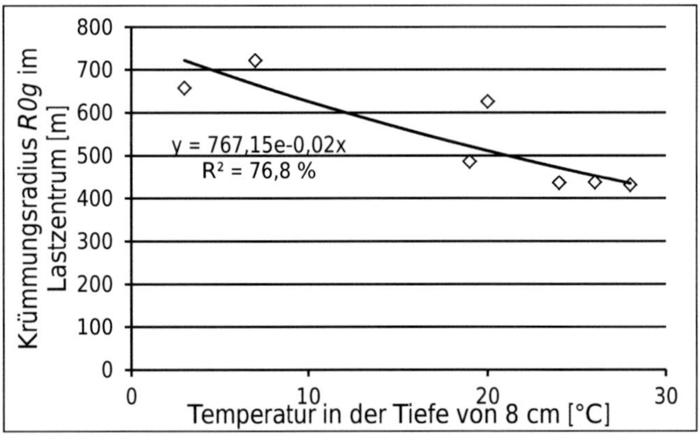

Abb. 5.10: Korrelation zwischen dem Mittelwert des Krümmungsradius $R0_g$ und der Temperatur während der FWD-Messung in einer Tiefe von 8 cm (Strecke S3)

Durch die Auswertung von weiteren FWD-Messdaten, die bei unterschiedlichen Randbedingungen aufgenommen worden sind, können entsprechende Orientierungswerte hergeleitet werden, mit welchen dann eine quantitative Aussage über den Zustand der Asphaltschichten getroffen werden kann. Dabei ist anzumerken, dass beim Vorhandensein von hydraulisch gebundenen Tragschichten deren Zustand für die Größe des Krümmungsradius u.U. maßgebend sein kann.

6 Zusammenfassung und Ausblick

6.1 Zusammenfassung

Die Bewertung der Tragfähigkeit von Asphaltkonstruktionen mit dem FWD ist nach wie vor ein wissenschaftlich interessantes Thema. Trotz zahlreicher Forschungen auf diesem Gebiet gibt es noch einige unbeantwortete Fragen bezüglich der Analyse und Interpretation der erhobenen Daten. Vor allem die mechanischen Grundlagen des Verfahrens und die Herleitung der formelmäßigen Zusammenhänge für die Bewertung werden immer wieder in Frage gestellt. Dazu zählt auch die Kritik an der Approximation der Deflexionsmulde durch Regressionsgleichungen und damit an dem Indikator Krümmungsradius R0 im Lastzentrum, der aus der zweiten Ableitung der Funktion berechnet wird und beim Bewertungsverfahren nach Jendia eine Schlüsselrolle spielt. Ziel der vorliegenden Arbeit war es daher, mit Hilfe von mechanischen Ansätzen die Verformungen während des FWD-Laststoßes und im speziellen Fall den Krümmungsradius zu beschreiben sowie die Zusammenhänge mit den konventionellen Vorgehensweisen zu überprüfen.

Zunächst wurde der Stand der Technik bezüglich des mechanischen Verformungsverhaltens von Asphaltbefestigungen unter Belastung sowie der Möglichkeiten, dies zu beschreiben, dargelegt. Dabei wurden auf der einen Seite die analytischen Verfahren für die Gesamtsystembetrachtung und die rheologischen Modelle für die Beschreibung des Stoffverhaltens im Einzelnen erläutert. Des Weiteren wurden die Grundlagen des FWD-Messverfahrens, die Bewertungsmöglichkeiten bei Asphaltkonstruktionen auf Basis der gewonnenen Daten und die Einflüsse darauf geschildert.

Die dargestellten mechanischen Zusammenhänge führten zu einer Methode, mit welcher der Vorgang während der FWD-Messung beschrieben werden kann und wie in drei Schritten (Abb. 4.1) der Krümmungsradius berechnet wird. Dazu wurde zunächst die gesamte Asphaltkonstruktion (gebundene und ungebundene Schichten) als ein rheologisches Modell betrachtet, dessen Eigenschaften aus denen der Befestigung abgeleitet sind. Es wurden fünf rheologische Modelle (Kelvin-Voigt-Modell, Poyting-Thomson-Modell, Burgers-Modell, Kelvin-Voigt-Gruppe und Kelvin-Voigt-Gruppe mit Feder) für die Betrachtungen ausgewählt. Durch die Kenntnis der Kriechfunktionen und das Materialgesetz in integraler Form konnten die entsprechenden Gleichungen abgeleitet werden, so dass aus der Belastung und aus den gemessenen Verformungen die Materialparameter wie E-Moduln ($E_{viskoel}$), Relaxations- und Retardationszeiten ($\bar{\tau}$ bzw. τ) durch Iteration bestimmt werden konnten. Hierzu wurden Daten aus drei Untersuchungsstrecken verwendet.

Im zweiten Schritt wurden die ermittelten Materialparameter in vier ausgewählten mechanischen Systemen (Abb. 4.5) eingesetzt, um mit geeigneten Annahmen die Krümmung im Lastzentrum zu berechnen. Im letzten Schritt ergab sich daraus der Krümmungsradius $R0_{mech}$ im Lastzentrum.

Parallel wurden die Krümmungsradien nach den sogenannten empirischen Verfahren $R0_{emp}$ nach Jendia, Grätz und einem geometrischen Verfahren, das unabhängig ist von einer Approximation der Deflexionsmulde, sowie die E-Moduln nach einem linear-elastischen Ansatz (E_{el}) ermittelt.Bei einem Vergleich der drei empirischen Krümmungsradien $R0_{emp}$ untereinander zeigte sich für die einzelnen Strecken bzw. Streckenabschnitte, dass

- sie einen ähnlichen charakteristischen Verlauf entlang der Strecke haben,

- der Krümmungsradius $R0_{Je}$ tendenziell geringer ist als der Krümmungsradius $R0_g$, sie aber dennoch einen Zusammenhang mit einem sehr hohen Bestimmtheitsmaß aufweisen, und
- der Krümmungsradius $R0_{Gr}$ zum Teil viel größer ist als $R0_{Je}$ und $R0_g$ und seine Streuungen sehr groß sein können.

D.h. die Ergebnisse der drei Berechnungsmöglichkeiten sind nicht gleichwertig. Vor allem die Werte des Krümmungsradius $R0_{Gr}$ unterscheiden sich in ihrem Niveau und ihrer Streuung sehr deutlich von den anderen.

Ein Vergleich der empirischen Krümmungsradien $R0_{emp}$ mit den Krümmungsradien aus den mechanischen Systemen $R0_{mech}$ sowie mit den entsprechenden E-Moduln ($E_{viskoel}$ und E_{el}) ergab, dass

- der Zusammenhang zwischen $R0_{Je}$ sowie $R0_g$ auf der einen Seite und $E_{viskoel}$ sowie $R0_{mech}$ auf der anderen Seite sehr groß sein kann.
- die Zusammenhänge zwischen $R0_{Gr}$ sowie E_{el} auf der einen Seite und $E_{viskoel}$ sowie $R0_{mech}$ auf der anderen Seite i.d.R. schlechter sind.
- die Zusammenhänge zwischen $R0_{emp}$ und $R0_{mech}$ nicht vom jeweiligen mechanischen System nach Abb. 4.5 abhängen.

Die Absolutwerte von $E_{viskoel}$ und $R0_{mech}$ konnten aufgrund der Annahmen nicht berücksichtigt werden. Die erarbeiteten Zusammenhänge mit $R0_{Je}$ und $R0_g$, wenn auch strecken- und messterminspezifisch, zeigen, dass die empirisch berechneten Krümmungsradien mit den mechanischen Kenngrößen korrelieren. Eine Berechnung mit mechanisch abgeleiteten Ansätzen ist für die Praxis aufgrund der Durchführung umständlich und, solange die Absolutwerte nicht berücksichtigt werden können, auch nicht zweckmäßig; durch den gezeigten Zusammenhang kann künftig die Bewertung weiterhin mit den empirischen Ansätzen vereinfachend erfolgen. Diese Aussagen konnten aufgrund des relativ kleinen Datenumfangs nicht mit umfassenden statistischen Analysen belegt werden, können aber als erste Erkenntnisse bezüglich des Zusammenhangs von empirisch ermittelten Tragfähigkeitskenngrößen und mechanischen Kenngrößen betrachtet werden. Weitere Strecken derselben, aber auch anderer Bauklassen und Bauarten sollten in dieser Hinsicht ebenso untersucht werden.

6.2 Ausblick

Die Anwendung der empirischen Ansätze führt zur Erweiterung des Datenkollektives und damit zur Schaffung von Erfahrungswerten für die Bewertung anhand des Krümmungsradius. Der aus der Geometrie der Deflexionsmulde berechnete Krümmungsradius $R0_g$ ist aufgrund der Schnelligkeit bei der Berechnung und der guten Korrelation zum Krümmungsradius $R0_{Je}$, berechnet als der reziproke Wert der zweiten Ableitung der Regressionsformel nach Jendia, für die Approxiomation der Deflexionsmulde von besonderer Bedeutung und kann für die Praxis sehr effizient sein. Die Auswirkungen auf die Tragfähigkeitszahl Tz müssten allerdings noch untersucht werden, da der existierende Erfahrungs- bzw. Bewertungshintergrund auf anderen Ausgangswerten beruht. Dabei kann jedoch angenommen werden, dass die Abweichungen geringer als diejenigen sein werden, die bei der Berechnung des Tz-Wertes mit dem Krümmungsradius $R0_{Gr}$ auf der Grundlage der Regressionsformel nach Grätz für die Approxiomation der Deflexionsmulde auftreten.

Die Anwendung der mechanischen Ansätze sollte noch weiter verifiziert werden, damit der rückgerechnete E-Modul als Bewertungskenngröße herangezogen werden kann. Dabei wird eine erweiterte Berechnung mit anderen rheologischen Modellen zunächst als nicht zielführend betrachtet, da die Anpassungen mit den angewendeten Modellen als ausreichend hoch bezeichnet werden können. Vor allem das Poyting-Thomson-Modell kann für eine weiterführende Betrachtung ausgewählt werden, da es das Modell mit der kleinsten Anzahl von rheologischen Grundelementen ist, bei welchem gleichzeitig die

E-Moduln der gebundenen und der ungebundenen Schichten getrennt berücksichtigt werden können. Wenn erforderlich, kann das Modell beliebig erweitert werden, z.B. wenn der Untergrund / Unterbau mit einem geringeren E-Modul ebenso berücksichtigt werden soll, kann eine zusätzliche Feder hinzugefügt werden. Eine Berechnung des Krümmungsradius aus dem E-Modul wird hingegen nicht als zielführend erachtet, da sie mit weiteren Systemannahmen bezüglich der Abmessungen wie Plattenradius / Balkenlänge und -breite und damit mit zusätzlichen Streuungen verbunden wären.

Damit die rückgerechneten E-Moduln nicht nur vergleichend, sondern auch mit ihren Absolutwerten für die Bewertung herangezogen werden können, ist ein entsprechender Bewertungshintergrund zu schaffen. Hierzu ist die Vorgehensweise zu erweitern und wie in Abb. 6.1 dargestellt mit weiterführender Grundlagenforschung zu ergänzen. Dabei wäre die Verifizierung und die Optimierung der Annahmen, die in der vorliegenden Arbeit zugrunde gelegt worden sind, von erheblicher Bedeutung. An erster Stelle sollte die wirksame Systemdicke bestimmt werden, d.h. die Tiefe unter dem Planum und die Randbedingungen, bei welchen die Stoßbelastung des HWD noch einen Einfluss hat, d.h. Verformungen messbar sind. Dies kann beispielsweise über in unterschiedlichen Tiefen eingebaute Messsensoren und/oder Schaumstoffe erfolgen. Durch systematische Tragfähigkeitsmessungen mit mehreren Laststufen und bei verschiedenen Temperaturen könnten dann diese Einflüsse ausgearbeitet werden.

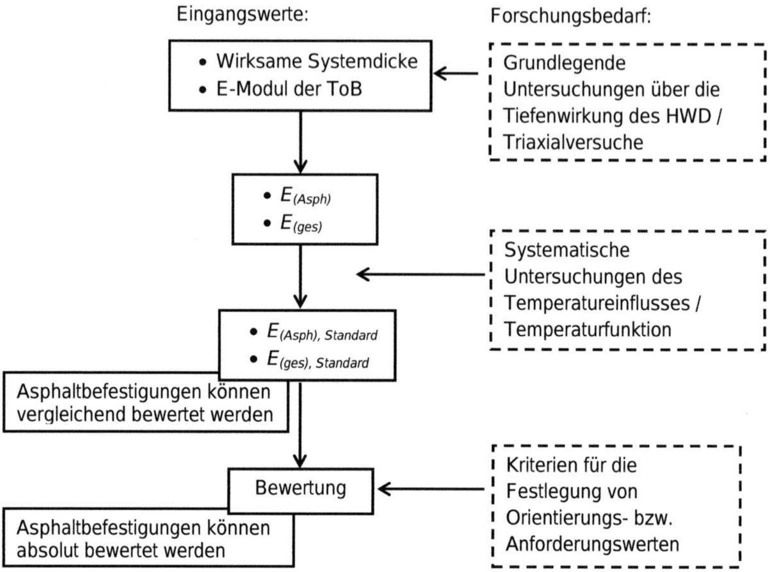

Abb. 6.1: Schematische Darstellung der Vorgehensweise bei der Verifizierung und Weiterentwicklung des mechanischen Ansatzes

Weitere erforderliche Untersuchungen betreffen die Bestimmung des E-Moduls der ungebundenen Schichten E_0. Eine Möglichkeit besteht darin, die entsprechenden Materialien in Triaxialversuchen im Labor, bei denen ein dreiachsialer Spannungszustand wie in der Realität simuliert wird, zu testen und so die Materialparameter zu bestimmen. In Abhängigkeit der Ergebnisse könnte die Feder im rheologischen Poyting-Thomson-Modell auch durch andere Elemente ersetzt oder ergänzt werden, die das nicht-linearelastische Verformungsverhalten beschreiben, ähnlich wie in [39].

Wenn zunächst die Eingangswerte genauer bestimmt worden sind, dann können auf dieser Basis die E-Moduln $E_{(Asph)}$ und $E_{(ges)}$ iterativ rückgerechenet werden. Diese sollen dann durch eine geeignete Temperaturfunktion auf eine Standardtemperatur normiert und in die Werte

$E_{(Asph,Standard)}$ und $E_{(ges,Standard)}$ überführt werden. Die unterschiedlichen Temperaturen während der Tragfähigkeitsmessungen sind ein sehr wichtiger Aspekt und müssen systematisch analysiert werden. Nur durch gezielte Untersuchungen an gleichen Streckenabschnitten und mehreren Messterminen können diese Einflüsse herausgearbeitet und die Normierungsfunktion für die Umrechnung auf eine Standardtemperatur ermittelt werden.

Für die Bewertung können dann Orientierungs- und letztendlich Anforderungswerte definiert werden, die die unterschiedlichen Zustände einer Asphaltbefestigung charakterisieren. Diese können z.B. über das Dimensionierungsverfahren nach RDO 09 ermittelt werden, indem die E-Moduln variiert, die Unterschiede in der Restnutzungsdauer bei sonst konstanten Eigenschaften bestimmt und hinsichtlich signifikanter Änderungen ausgewertet werden.

Für die nahe Zukunft ist zu empfehlen, dass Tragfähigkeitsmessdaten von Asphaltkonstruktionen sowohl empirisch als auch mechanisch ausgewertet werden, um überprüfen zu können, ob die Werte auch bei anderen Bauklassen und Aufbauten so gut korrelieren; zumindest bis die mechanischen Ansätze so weit entwickelt worden sind, dass diese die empirischen ersetzen können.

Literaturverzeichnis

[1] BALKE, H.: Einführung in die Technische Mechanik. Bd. Festigkeitslehre. Springer, 2008.

[2] BAUM, G.; BEHR, H.; BUSECK, H.: Die Reaktion von Straßen bei zeitabhängiger Belastung, Teil 2 / Bundesanstalt für Straßenbau. Berlin München, Heft 4, 1965.

[3] BAUM, G. et a.: Ansätze zu einer dynamischen Bemessung, in Handbuch des Straßenbaus, Bd. 3. Berlin, 1977.

[4] BECKEDAHL, H.; HÜTGEN, H.; STRAUBE, E.: Begleitende Forschung zur Einführung des Falling Weight Deflectometers (FWD) in der Bundesrepublik Deutschland / Forschung Straßenbau und Straßenverkehrstechnik, BMV. Bonn, Heft 733, 1996.

[5] BLAB, Ronald: Analytische Methoden zur Modellierung der Verformungseigenschaften flexibler Fahrbahnaufbauten. Technische Universität Wien, Institut für Straßenbau u. Straßenerhaltung, Heft 11, 2001 (Habilitationsschrift)

[6] BOUSSINESQ, M.J: Application des potentiels á l'étude de l'équilibre et du mouvement des solides élastiques. Paris: Gauthier-Villaars, 1885

[7] BÜCHLER, S.: Rheologisches Modell zur Beschreibung des Kälteverhaltens von Asphalten, TU Braunschweig, Institut für Straßenwesen (ISBS), Heft 24, 2010

[8] BUFFLER, H.: Der Spannungszustand in einer geschichteten Scheibe. In: Zeitschrift für angewandte Mathematik und Mechanik 41, Heft 4, 1961.

[9] BURMISTER, D. M: The Theorie of Stresses and Displacements in Layered Systems and Applications to the Design of Airport Runways. Proceeding 23rd Annual Meeting of the Highway Research Board, Vol. 23, 1943

[10] CHAKAR, Th.: Methode zur Klassifizierung von Tragfähigkeitsmessergebnissen des Falling Weight Deflectometers bei Asphaltbefestigungen, Karlsruher Institut für Technologie, Institut für Straßen- und Eisenbahnwesen, Heft 59, 2011

[11] COLE, J.; HUTH, J.: Srresse Produced in a Half Plane by Moving Loads. In: Journal of Applied Mechanics 25, 1985

[12] COST336: Falling Weight Deflectometer for Measuring Bearing Capacity, Final Report. 2000.

[13] FGSV: Begriffsbestimmungen - Straßenbautechnik. Köln, Ausgabe 1990

[14] FGSV: Richtlinien für die Standardisierung des Oberbaues von Verkehrsflächen (RStO 01). Köln, Ausgabe 2001

[15] FGSV: Arbeitspapier Tragfähigkeit, Teil B2.1: Falling Weight Deflectometer (FWD): Gerätebeschreibung, Messdurchführung - Asphaltbauweisen. Köln : Arbeitsgruppe Infrastrukturmanagement, Ausgabe 2008

[16] FGSV: Arbeitspapiere zur Dimensionierung von Verkehrsflächenbefestigungen, Reihe B: Berechnungsmodelle, Teil B1: Methode der Mehrschichtentheorie und Halbraumtheorie bei der Dimensionierung. Köln : Arbeitsgruppe Infrastrukturmanagement, Ausgabe 2009

[17] FGSV: Arbeitspapiere zur Dimensionierung von Verkehrsflächenbefestigungen, Reihe B: Berechnungsmodelle, Teil B2: Methode der Plattentheorie bei der Dimensionierung. Köln : Arbeitsgruppe Infrastrukturmanagement, Ausgabe 2009

[18] FGSV: Arbeitspapiere zur Dimensionierung von Verkehrsflächenbefestigungen, Reihe B: Berechnungsmodelle, Teil B3: Methode der finiten Elemente und der Randelemente bei der Dimensionierung. Köln : Arbeitsgruppe Infrastrukturmanagement, Ausgabe 2009

[19] FGSV: Arbeitspapiere zur Dimensionierung von Verkehrsflächenbefestigungen, Reihe B: Berechnungsmodelle, Teil B4: Schichtenverbund bei der Dimensionierung. Köln : Arbeitsgruppe Infrastrukturmanagement, Ausgabe 2011

[20] FGSV: Arbeitspapier Tragfähigkeit, Teil A: Messverfahren. Köln : Arbeitsgruppe Infrastrukturmanagement, Entwurf 2012

[21] FGSV: Arbeitspapier Tragfähigkeit, Teil C2.1: Falling Weight Deflectometer (FWD): Auswertung und Bewertung - Teil: Verkehrsflächenbefestigungen in Asphaltbauweise. Köln : Arbeitsgruppe Infrastrukturmanagement, Entwurf 2013

[22] FREUND, H.-J.; KOCH, P.: Verbundvorhaben Reststoffverwertung im Straßenbau; Teilvorhaben 5: Vergleichende Beurteilung des Zeit-Setzungs-Verhaltens unterschiedlich zusammengesetzter Tragschichten ohne Bindemittel mit verschiedenen großen Asphaltanteilen in einer Versuchsstrecke (VERTOBA). / Universität Karlsruhe, Institut für Straßen- und Eisenbahnwesen. Im Auftrag des Bundesministeriums für Bildung, Wissenschaft, Forschung und Technologie, 2002.

[23] GARTUNG, Th.: Berechnung von Asphaltstraßen mit einem einheitlichen rheologischen Konzept einschließlich Schädigung, TU Braunschweig, Institut für Statik, Diss., 1996.

[24] GOLDSCHMIDT: Westergaads Gleichungen nochmals analysiert. In: Die Straße Heft 11, 1990.

[25] GRÄTZ, B.: FE 04.174: Einfluß der Temperatur, der Belastungsfrequenz und der Impulskraft beim Falling Weight Deflectometer

(FWD) auf die Größe der effektiven Schicht-E-Moduli / Bundesanstalt für Straßenwesen. Bergisch Gladbach, November 1999.

[26] GROSS, D.; HAUGER, W.; WRIGGERS, P.: Technische Mechanik. Bd. 4: Hydromechanik, Elemente der Höheren Mechanik, Numerische Methoden. Springer, 2009.

[27] HAKIM, B.: Flexible composite pavement evaluation incorporating bond between layers. In: Bearing Capacity of Roads, Railways and Airfields. Lisbon, Portugal : Proceedings of the 6th International Conference on the Bearing Capacity of Roads and Airfileds, 2002.

[28] HASE, M.: Zur Zugviskosität von Asphalten bei hohen und tiefen Temperaturen, TU Braunschweig, Institut für Straßenwesen (ISBS), Heft 11, 1991.

[29] HOHTAN, J.; NUMRICH, R.; WELLNER, F.: FE 04.176: Untersuchung korrelativer Zusammenhänge zwischen den Auswerteergebnissen vier verschiedener Tragfähigkeitsmesssysteme. / Universität Hannover, Institut für Verkehrswirtschaft, Straßenwesen und Städtebau. Im Auftrag der Bundesanstalt für Straßenwesen, 1999.

[30] HÜRTGEN, H.: Zum viskoelastischen und viskoplastischen Verhalten vom Asphalt / Forschung Straßenbau und Straßentechnik, BMV. Bonn, Heft 361, 1982.

[31] HÜRTGEN, H.: Methoden zur Beschreibung der thermomechanischen Eigenschaften von Asphalt (Asphalt-Rheologie). Fachgebiet Konstruktiver Straßenbau im Institut für Verkehrswirtschaft, Straßenwesen und Städtebau der Universität Hannover, Heft 20, 2000.

[32] JENDIA, S.: Bewertung der Tragfähigkeit von bituminösen Straßenbefestigungen, Institut für Straßen- und Eisenbahnwesen der Universität Karlsruhe (TH), Heft 45, 1995.

[33] JESSBERGER, H.-L.; LAUE, J: Steifigkeits- und Verformungsverhalten von Tragschichten ohne Bindemittel bei hohen Beanspru-

chungen sowie ungleichmäßiger Verdichtung. / Forschung Straßenbau und Straßenverkehrstechnik, BMV. Bonn, Heft 631, 1992.

[34] JONES, A: Tables and Stresses in Three-Leyer Elastic Systems. Washington D.C. : Highway Research Board Bulletin 342, Nstional Academy of Sciences, 1962.

[35] KIT; ZUB; HEIDEN-LABOR: Entwicklung eines Verfahrens zur zerstörungsfreien Bewertung des Schichtenverbundes von Asphaltbefestigungen / AIF. Karlsruhe, 2013.

[36] LOVE, A.E.H.: Lehrbuch der Elastizität, deutsche Ausgabe vin Timpe. Teubner-Verlag, Berlin und Leipzig, 1907.

[37] MEZGER, Th.: Das Rheologie-Handbuch: für Anwender von Rotations- und Oszillations-Rheometern. Curt R. Vincentz Verlag, Hannover, 2000.

[38] MÜLLER, F.: Der Krümmungsmesser und seine praktischen Anwendungsmöglichkeiten. In: Die Strasse Heft 6, 1969

[39] NUMRICH, R.: Modellierung des nichtlinear-elastischen Verformungsverhaltens von Tragschichten ohne Bindemittel, TU Dresden, Fakultät Bauingenieurwesen, Diss., 2003.

[40] PARK, S.W.; KIM, Y.R.: Temperature Correction of Backcalculated Moduli and Deflections Using Linear Viscoelasticity and Time-Temperature Superposition. In: TRR 1570 DOI: 10.3141/1570-13, 1997.

[41] RIEDL, S.: Rückrechnung dynamischer Tragfähigkeitswerte aus den Messdaten des Falling Weight Deflectometers (FWD), TU Darmstadt, Fachbereich Bauingenieurwesen und Geodäsie, Heft S8, 2006.

[42] ROOS, R.; Plachkova P.; Karcher C: Begutachtung und Bewertung der Substanz von Asphaltsraßen mit dem Heavy Weight Deflectometer (HWD) sowie ergänzenden zerstörenden Materialuntersuchungen, (unveröffentlicht), 2012.

[43] ROOS, R. ; FREUND, H.-J. ; THIELE, T.: Erarbeitung eines Bewertungshintergrundes für Tragfähigkeitsmessungen auf Basis von Zustandsindikatoren nach JENDIA / Forschung Straßenbau und Straßenverkehrstechnik, BMV. Bonn, 2008 (Heft 989).

[44] ROOS, R.; KARCHER, C.; PLACHKOVA, P.: FE 04.227: Weiterführende Untersuchungen zur Vervollständigung des Verfahrens zur Substanzbewertung von Asphaltbefestigungen. / Karlsruher Institut für Technologie, Institut für Straßen- und Eisenbahnwesen. Im Auftrag der Bundesanstalt für Straßenwesen, In Bearbeitung.

[45] WESTERGAAD: Stresses in concrete pavements computed by theoretical analysis. In: Public Roads, 1926.

[46] WITCZAK, M.; MIRZA, M.W.: Development of relationships to predict Poissons's Ratio for pavin materials / Interteam Technical Report for NCHRP 1-37A. University of Maryland, Collage Park, USA, 1999.

[47] WOINOWSKY-KRIEGER: Berechnung einer auf elastischem Halbraum aufliegenden, unendlich erstreckten Platte. In: Ingenieur-Archiv Bd. XVII, 1949.

[48] XU, B.; RANJITHAN, S.R.; KIM, Y.R.: New Relationships Between Falling Weight Deflectometer Deflections and Asphalt Pavement Layer Condition Indicators. In: TRR 1806 Paper No. 02-3729, 2002.

Abbildungsverzeichnis

Tabellenverzeichnis

A Abkürzungen

ABS	Asphaltbinderschicht
ADS	Asphaltdeckschicht
ATS	Asphalttragschicht
E-Modul	Elastizitätsmodul
E_{el}	Elastizitätsmodul, rückgerechnet unter der Annahme eines linear-elastischen Verformungsverhaltens
$E_{viskoel}$	Elastizitätsmodul, rückgerechnet unter der Annahme eines viskoelastischen Verformungsverhaltens
E_X	Elastizitätsmodul als Resultat der Rückrechnung mit dem X-Modell: KV: Kelvin-Voigt-Modell PT: Poyting-Thomson-Modell BM: Burgers-Modell $KV(5)$: Kelvin-Voigt-Gruppe $KV(5), F$: Kelvin-Voigt-Gruppe mit Feder
COST	European Cooperation in the Field of Scientific and Technical Research
FGSV	Forschungsgesellschaft für Straßen- und Verkehrswesen
FSS	Frostschutzschicht
FWD	Falling Weight Deflectometer
HGT	hydraulisch gebundene Tragschicht
HWD	Heavy Weight Deflectometer
ISE	Institut für Straßen- und Eisenbahnwesen; KIT
KIT	Karlsruher Institut für Technologie
l	Elastische Länge [mm]
M_0	Schichtmodul des Halbraums [N/mm^2]
MT	Messtermin
μ	Poissonzahl / Querdehnzahl [-]

$R0_X$	Krümmungsradius im Lastzentrum [m], berechnet nach dem Ansatz X:	
	emp	Empirische Ansätze
	je:	Ansatz nach Jendia (auf der Grundlage von Gl. 2.44)
	Gr:	Ansatz nach Grätz (auf der Grundlage von Gl. 2.46)
	g:	Geometrischer Ansatz (auf der Grundlage von Gl. 4.3)
	mech	Mechanische Ansätze
	KV:	Kelvin-Voigt-Modell
	PT:	Poyting-Thomson-Modell
	BM:	Burgers-Modell
	$KV(5)$:	Kelvin-Voigt-Gruppe
	$KV(5), F$:	Kelvin-Voigt-Gruppe mit Feder
	el:	Linear-elastischer Ansatz
R^2	Bastimmtheitsmaß [%]	
± s	Standardabweichung	
$\pm\sigma$	Standardabweichung der Gesamtheit/Spannung	
ToB	Tragschicht ohne Bindemittel	
Tz	Tragfähigkeitszahl	
UI	Untergrund/-bau-Indikator	
V	Variationskoeffizient (Variationskoeffizient)	
w_0	Maximale Deflexion im Lastzentrum [mm]	
x̄	arithmetischer Mittelwert	
$X_{(Asph)}$	Die Kenngröße bezieht sich auf die Asphaltschichten	
$X_{(ges)}$	Die Kenngröße bezieht sich auf alle Schichten des Oberbaus	

B Messsystem und -konfiguration des FWD / HWD

Abb. B.1: HWD mit Zugfahrzeug im Messbetrieb

- Laststufen: Standardbelastung 50 kN (707 kPa)
- Fallmasse: 150 kg
- Impulsdauer: 20 - 30 ms
- Durchmesser der Lastplatte: 300 mm
- Puffer: mittelhart
- Geofonabstände:

Geofon-Bez.	**w0**	**w1**	**w2**	**w3**	**w4**	**w5**	**w6**	**w7**	**w8**
Abstand vom Lastzentrum [cm]	0	21	33	51	90	127	150	180	210

- Positionen der Temperaturmessfühler:

Messfühler-Nr.	**T1**	**T2**	**T3**
Abstand von der Fahrbahnoberfläche [mm]	40	100	h - 20

h: Dicke der Asphaltschicht (gesamt)

C Streckeninformationen

		S 1						S2	S3						
		Feld 1	Feld 2	Feld 3	Feld 4	Feld 5	Feld 6		MT 1	MT 2	MT 3	MT 4	MT 5	MT 6	MT 7
Lufttemperatur [°C]	Mittelwert	8,7	9,0	9,5	9,7	10,2	11,7	21,7	22,7	3,3	23,2	22,4	19,1	7,6	21,8
	95% Konfidenzintervall des Mittelwerts – Untergrenze	8,5	8,9	9,3	9,6	10,1	10,8	21,3	22,3	3,3	23,1	19,8	18,9	7,4	21,0
	95% Konfidenzintervall des Mittelwerts – Obergrenze	8,8	9,2	9,6	9,9	10,3	12,6	22,1	23,2	3,4	23,3	25,0	19,3	7,9	22,7
	5% getrimmtes Mittel	8,7	9,0	9,5	9,7	10,2	11,7	21,8	22,7	3,3	23,2	23,5	19,1	7,6	21,8
	Median	8,6	9,0	9,5	9,7	10,2	11,5	22,0	22,9	3,4	23,2	23,4	19,0	7,8	21,8
	Vationskoeffizient	2,0%	2,7%	2,0%	1,9%	1,1%	10,2%	6,4%	4,0%	3,9%	0,9%	24,4%	2,0%	5,8%	7,2%
	Standardabweichung	0,2	0,2	0,2	0,2	0,1	1,2	1,4	0,9	0,1	0,2	5,5	0,4	0,4	1,6
	Minimum	8,5	8,6	9,2	9,5	10,0	10,2	18,6	21,1	3,1	22,9	0,0	18,2	6,9	19,6
	Maximum	8,9	9,4	9,8	10,0	10,4	13,4	23,4	24,1	3,5	23,5	25,0	19,8	8,3	24,1
	Spannweite	0,4	0,8	0,6	0,5	0,4	3,2	4,8	3,0	0,4	0,6	25,0	1,6	1,4	4,5
	Interquartilbereich	0,4	0,4	0,3	0,4	0,1	2,3	2,0	1,2	0,2	0,4	0,8	0,6	0,7	3,0
Oberflächentemperatur [°C]	Mittelwert	8,2	8,5	9,1	9,2	9,6	12,9	26,5	26,5	2,0	23,6	24,6	19,1	8,5	22,4
	95% Konfidenzintervall des Mittelwerts – Untergrenze	8,1	8,3	8,8	9,0	9,6	11,3	26,1	25,7	1,8	23,3	21,7	18,5	8,3	21,7
	95% Konfidenzintervall des Mittelwerts – Obergrenze	8,4	8,7	9,4	9,3	9,7	14,4	26,8	27,3	2,2	23,8	27,5	19,7	8,6	23,0
	5% getrimmtes Mittel	8,2	8,5	9,1	9,2	9,6	12,9	26,5	26,5	2,0	23,5	25,8	19,1	8,5	22,4
	Median	8,2	8,5	9,0	9,2	9,6	13,0	26,9	26,0	2,0	23,4	25,8	19,3	8,5	22,7
	Vationskoeffizient	2,6%	2,9%	4,8%	1,9%	1,1%	15,8%	4,7%	5,7%	17,2%	2,1%	24,5%	6,0%	3,0%	5,6%
	Standardabweichung	0,2	0,2	0,4	0,2	0,1	2,0	1,2	1,5	0,3	0,5	6,0	1,1	0,3	1,3
	Minimum	8,0	8,2	8,5	8,8	9,5	10,5	23,4	24,6	1,4	23,0	0,0	17,1	7,9	20,2
	Maximum	8,5	9,0	10,0	9,4	9,8	15,0	28,0	29,7	2,7	24,5	27,6	20,9	8,9	24,2
	Spannweite	0,5	0,8	1,5	0,6	0,3	4,5	4,6	5,1	1,3	1,5	27,6	3,8	1,0	4,0
	Interquartilbereich	0,4	0,4	0,6	0,2	0,2	4,1	1,6	2,2	0,4	0,9	1,6	2,1	0,4	2,3
Temperatur in der Tiefe von 4 cm [°C]	Mittelwert	6,8	7,1	7,4	7,6	7,6	8,2	26,5	27,3	2,9	27,5	27,0	21,0	7,5	22,1
	95% Konfidenzintervall des Mittelwerts – Untergrenze	6,7	7,0	7,3	7,5	7,5	8,1	26,3	27,2	2,9	27,3	26,7	20,8	7,4	21,2
	95% Konfidenzintervall des Mittelwerts – Obergrenze	6,9	7,2	7,4	7,7	7,7	8,3	26,7	27,5	3,0	27,7	27,3	21,1	7,7	22,9
	5% getrimmtes Mittel	6,8	7,1	7,4	7,6	7,6	8,2	26,6	27,3	2,9	27,5	27,0	21,0	7,5	22,1
	Median	6,8	7,1	7,4	7,6	7,6	8,2	26,9	27,3	2,9	27,6	27,2	21,1	7,5	22,2
	Vationskoeffizient	1,4%	1,4%	0,8%	1,4%	1,4%	1,4%	2,2%	1,2%	1,2%	1,2%	2,3%	1,5%	3,6%	7,3%
	Standardabweichung	0,1	0,1	0,1	0,1	0,1	0,1	0,6	0,3	0,0	0,3	0,6	0,3	0,3	1,6
	Minimum	6,7	7,0	7,3	7,5	7,5	8,1	24,7	27,0	2,9	26,9	25,1	20,5	7,2	18,7
	Maximum	7,0	7,3	7,5	7,8	7,8	8,4	27,0	27,8	3,0	28,0	27,4	21,3	7,9	24,7
	Spannweite	0,3	0,3	0,2	0,3	0,3	0,3	2,3	0,8	0,1	1,0	2,3	0,8	0,7	6,1
	Interquartilbereich	0,2	0,2	0,1	0,2	0,2	0,2	0,8	0,6	0,1	0,5	0,3	0,6	0,6	1,6
Temperatur in der Tiefe von 10 cm [°C]	Mittelwert	7,0	7,1	7,3	7,4	7,5	7,6	22,5	27,1	2,9	27,6	26,0	19,9	7,1	19,3
	95% Konfidenzintervall des Mittelwerts – Untergrenze	7,0	7,1	7,3	7,4	7,5	7,6	22,5	27,1	2,9	27,5	25,7	19,7	7,0	18,5
	95% Konfidenzintervall des Mittelwerts – Obergrenze	7,0	7,2	7,3	7,4	7,5	7,6	22,6	27,1	2,9	27,7	26,2	20,0	7,2	20,0
	5% getrimmtes Mittel	7,0	7,1	7,3	7,4	7,5	7,6	22,5	27,1	2,9	27,6	26,0	19,9	7,1	19,2
	Median	7,0	7,1	7,3	7,4	7,5	7,6	22,6	27,1	2,9	27,6	26,1	19,9	7,1	18,7
	Vationskoeffizient	0,4%	0,7%	0,5%	0,5%	0,5%	0,4%	0,6%	0,2%	1,0%	0,9%	1,8%	1,4%	2,2%	7,1%
	Standardabweichung	0,0	0,1	0,0	0,0	0,0	0,0	0,1	0,1	0,0	0,3	0,5	0,3	0,2	1,4
	Minimum	7,0	7,1	7,2	7,3	7,5	7,6	22,0	27,0	2,9	27,2	24,6	19,4	7,0	17,8
	Maximum	7,1	7,2	7,3	7,4	7,6	7,7	22,9	27,2	3,0	28,0	26,4	20,2	7,6	22,0
	Spannweite	0,1	0,2	0,1	0,1	0,1	0,1	0,9	0,2	0,1	0,8	1,8	0,8	0,6	4,2
	Interquartilbereich	0,1	0,1	0,1	0,1	0,1	0,1	0,1	0,1	0,0	0,4	0,1	0,5	0,2	2,0

Tab. C.1: Statistische Kenngrößen der Temperaturen während der Messungen

			S 1						S2	S3						
			Feld 1	Feld 2	Feld 3	Feld 4	Feld 5	Feld 6		MT 1	MT 2	MT 3	MT 4	MT 5	MT 6	MT 7
Temperatur in der Tiefe von 24 cm [°C]	Mittelwert		8,1	8,0		8,0	8,0	8,1	15,0	26,9	3,0	27,7	25,4	19,6	6,9	18,2
	95% Konfidenzintervall des Mittelwerts	Untergrenze	8,1	8,0		8,0	8,0	8,0	14,9	26,9	2,9	27,5	25,3	19,5	6,8	17,4
		Obergrenze	8,1	8,0		8,0	8,0	8,1	15,1	26,9	3,0	27,8	25,6	19,7	7,0	18,9
	5% getrimmtes Mittel		8,1	8,0		8,0	8,0	8,1	15,0	26,9	3,0	27,7	25,5	19,6	6,9	18,1
	Median		8,1	8,0		8,0	8,0	8,1	14,9	26,9	3,0	27,7	25,6	19,7	6,9	17,6
	Vationskoeffizient		0,7%	0,1%		0,1%	0,1%	0,1%	2,3%	0,2%	1,0%	1,0%	1,4%	1,0%	2,2%	8,2%
	Standardabweichung		0,1	0,0		0,0	0,0	0,0	0,3	0,1	0,0	0,3	0,4	0,2	0,2	1,5
	Minimum		8,0	8,0		8,0	8,0	8,0	14,8	26,8	2,9	27,2	24,4	19,3	6,8	16,4
	Maximum		8,2	8,0		8,0	8,0	8,1	16,6	27,0	3,0	28,1	25,6	19,9	7,4	20,8
	Spannweite		0,2	0,0		0,0	0,0	0,0	1,8	0,2	0,1	0,8	1,3	0,6	0,6	4,4
	Interquartilbereich		0,1	0,0		0,0	0,0	0,0	0,3	0,0	0,0	0,4	0,1	0,3	0,1	2,5
Konstruktionstemperatur in 1/3 der Dicke	Mittelwert		7,1	7,1	7,3	7,3	7,4	7,5	21,7	27,3	2,9	27,5	26,9	20,9	7,5	21,8
	95% Konfidenzintervall des Mittelwerts	Untergrenze	7,0	7,1	7,2	7,3	7,4	7,5	21,6	27,2	2,9	27,4	26,6	20,7	7,3	21,0
		Obergrenze	7,1	7,2	7,3	7,4	7,4	7,5	21,7	27,5	3,0	27,7	27,1	21,0	7,6	22,6
	5% getrimmtes Mittel		7,1	7,1	7,3	7,3	7,4	7,5	21,6	27,3	2,9	27,5	26,9	20,9	7,5	21,8
	Median		7,1	7,1	7,3	7,3	7,4	7,5	21,6	27,3	2,9	27,6	27,1	21,0	7,4	21,8
	Vationskoeffizient		0,2%	0,6%	0,4%	0,3%	0,4%	0,2%	0,4%	1,0%	1,2%	1,2%	2,3%	1,5%	3,4%	7,0%
	Standardabweichung		0,0	0,0	0,0	0,0	0,0	0,0	0,1	0,3	0,0	0,3	0,6	0,3	0,3	1,5
	Minimum		7,0	7,1	7,2	7,3	7,4	7,5	21,4	27,0	2,9	27,0	25,0	20,4	7,1	18,6
	Maximum		7,1	7,2	7,3	7,4	7,5	7,5	22,0	27,7	3,0	28,0	27,3	21,1	7,8	24,4
	Spannweite		0,0	0,1	0,1	0,1	0,1	0,0	0,6	0,7	0,1	1,0	2,3	0,8	0,7	5,8
	Interquartilbereich		0,0	0,1	0,1	0,0	0,1	0,0	0,1	0,6	0,1	0,5	0,3	0,6	0,5	1,5

Tab. C.2: Statistische Kenngrößen der Temperaturen während der Messungen (Fortsetzung)

			S 1						S2	S3						
			Feld 1	Feld 2	Feld 3	Feld 4	Feld 5	Feld 6		MT 1	MT 2	MT 3	MT 4	MT 5	MT 6	MT 7
Maximale Deflexion im Lastzentrum w_0 [mm]	Mittelwert		0,058	0,022	0,044	0,026	0,030	0,039	0,088	0,289	0,275	0,321	0,241	0,203	0,209	0,318
	95% Konfidenzintervall des Mittelwerts	Untergrenze	0,053	0,020	0,041	0,024	0,028	0,035	0,081	0,253	0,240	0,281	0,196	0,170	0,175	0,275
		Obergrenze	0,063	0,023	0,047	0,029	0,032	0,042	0,096	0,325	0,310	0,361	0,287	0,237	0,242	0,360
	5% getrimmtes Mittel		0,058	0,022	0,044	0,026	0,030	0,039	0,087	0,285	0,269	0,315	0,243	0,199	0,205	0,311
	Median		0,056	0,021	0,044	0,026	0,029	0,040	0,080	0,286	0,262	0,315	0,252	0,199	0,193	0,310
	Vationskoeffizient		12,1%	9,8%	10,5%	11,8%	9,4%	12,9%	28,0%	23,3%	23,9%	23,4%	39,1%	30,6%	29,0%	25,0%
	Standardabweichung		0,007	0,002	0,005	0,003	0,003	0,005	0,025	0,067	0,066	0,075	0,094	0,062	0,060	0,080
	Minimum		0,049	0,019	0,038	0,021	0,026	0,030	0,030	0,188	0,198	0,220	0,000	0,120	0,130	0,223
	Maximum		0,070	0,026	0,053	0,031	0,035	0,044	0,150	0,453	0,448	0,520	0,458	0,361	0,353	0,528
	Spannweite		0,021	0,007	0,015	0,009	0,009	0,014	0,120	0,265	0,249	0,300	0,458	0,241	0,223	0,305
	Interquartilbereich		0,011	0,003	0,007	0,006	0,004	0,009	0,030	0,069	0,055	0,065	0,093	0,058	0,056	0,081
Untergrund-/ Unterbauindikator UI [mm]	Mittelwert		0,010	0,002	0,007	0,004	0,005	0,006	0,014	0,048	0,050		0,039	0,034	0,036	0,054
	95% Konfidenzintervall des Mittelwerts	Untergrenze	0,010	0,002	0,007	0,003	0,004	0,006	0,013	0,041	0,043		0,031	0,027	0,030	0,046
		Obergrenze	0,011	0,003	0,008	0,004	0,005	0,007	0,016	0,055	0,056		0,047	0,040	0,043	0,062
	5% getrimmtes Mittel		0,010	0,002	0,007	0,004	0,005	0,006	0,014	0,047	0,049		0,039	0,033	0,035	0,053
	Median		0,010	0,002	0,007	0,004	0,005	0,007	0,013	0,049	0,048		0,042	0,032	0,034	0,053
	Vationskoeffizient		10,6%	13,8%	10,5%	14,1%	14,3%	13,7%	34,2%	27,0%	25,1%		42,8%	35,3%	32,7%	27,0%
	Standardabweichung		0,001	0,000	0,001	0,001	0,001	0,001	0,005	0,013	0,012		0,017	0,012	0,012	0,015
	Minimum		0,009	0,002	0,006	0,003	0,004	0,005	0,001	0,027	0,033		0,000	0,018	0,020	0,032
	Maximum		0,013	0,003	0,009	0,005	0,006	0,007	0,026	0,082	0,084		0,081	0,066	0,067	0,093
	Spannweite		0,004	0,001	0,002	0,001	0,002	0,003	0,026	0,055	0,051		0,081	0,048	0,047	0,061
	Interquartilbereich		0,002	0,000	0,001	0,001	0,001	0,002	0,006	0,013	0,011		0,015	0,012	0,013	0,016
Tragfähigkeitszahl Tz [-]	Mittelwert		5,02	7,87	5,93	7,66	7,33	6,94	3,82	1,20	1,47	1,14	1,21	1,67	1,84	1,10
	95% Konfidenzintervall des Mittelwerts	Untergrenze	4,58	7,17	5,45	6,94	6,97	6,41	3,50	1,08	1,26	1,03	1,02	1,46	1,58	0,98
		Obergrenze	5,46	8,57	6,42	8,38	7,69	7,48	4,13	1,32	1,68	1,25	1,41	1,88	2,10	1,22
	5% getrimmtes Mittel		5,03	7,92	5,94	7,63	7,32	6,95	3,84	1,20	1,50	1,14	1,25	1,67	1,84	1,11
	Median		5,14	8,10	5,82	7,65	7,28	6,99	4,14	1,19	1,61	1,18	1,22	1,60	1,84	1,14
	Vationskoeffizient		12,2%	12,4%	11,5%	13,1%	6,9%	10,1%	26,7%	18,6%	26,7%	18,7%	33,9%	23,5%	25,5%	20,6%
	Standardabweichung		0,61	0,98	0,68	1,00	0,50	0,70	1,02	0,22	0,39	0,21	0,41	0,39	0,47	0,23
	Minimum		3,94	5,97	4,77	6,12	6,60	5,75	1,76	0,81	0,59	0,74	0,00	1,01	1,09	0,63
	Maximum		5,94	8,85	6,98	9,70	8,12	7,97	5,52	1,55	1,94	1,45	1,83	2,46	2,59	1,46
	Spannweite		2,00	2,88	2,21	3,58	1,51	2,22	3,76	0,74	1,35	0,71	1,83	1,45	1,50	0,83
	Interquartilbereich		0,99	1,52	0,99	1,15	0,78	1,07	1,63	0,28	0,67	0,23	0,47	0,50	0,76	0,29

Tab. C.3: Statistische Kenngrößen der Tragfähigkeitsindikatoren w_0, UI und Tz

D Ermittlung der Parameter der rheologischen Modelle

D.1 Kelvin-Voigt-Modell

Gl. 2.34 und Gl. 4.1 werden in Gl. 2.43 eingesetzt:

$$\varepsilon_{KV}(t) = \int_{\vartheta=0}^{t} J_{KV}(t-\vartheta)\frac{d\sigma}{d\vartheta}d\vartheta =$$

$$= \frac{1}{E}\int_{\vartheta=0}^{t}\left(1-\exp\left(-\frac{t-\vartheta}{\tau}\right)\right)\cdot$$

$$\cdot\left(-a_1\cdot\exp\left(-\left(\frac{\vartheta-b_1}{c_1}\right)^2\right)\cdot\left(\frac{2\vartheta-2b_1}{c_1^2}\right)-\right.$$

$$\left.-a_2\cdot\exp\left(-\left(\frac{\vartheta-b_2}{c_2}\right)^2\right)\cdot\left(\frac{2\vartheta-2b_2}{c_2^2}\right)\right)d\vartheta =$$

$$= \frac{1}{E}\left(\underbrace{\int_{\vartheta=0}^{t}\left(-a_1\cdot\exp\left(-\left(\frac{\vartheta-b_1}{c_1}\right)^2\right)\cdot\left(\frac{2\vartheta-2b_1}{c_1^2}\right)\right)d\vartheta+}_{I}\right.$$

$$\underbrace{+\int_{\vartheta=0}^{t}\left(-a_2\cdot\exp\left(-\left(\frac{\vartheta-b_2}{c_2}\right)^2\right)\cdot\left(\frac{2\vartheta-2b_2}{c_2^2}\right)\right)d\vartheta+}_{II}$$

$$\underbrace{+\int_{\vartheta=0}^{t}\left(a_1\cdot\exp\left(-\left(\frac{t-\vartheta}{\tau}\right)-\left(\frac{\vartheta-b_1}{c_1}\right)^2\right)\cdot\left(\frac{2\vartheta-2b_1}{c_1^2}\right)\right)d\vartheta+}_{III}$$

$$\left.\underbrace{+\int_{\vartheta=0}^{t}\left(a_2\cdot\exp\left(-\left(\frac{t-\vartheta}{\tau}\right)-\left(\frac{\vartheta-b_2}{c_2}\right)^2\right)\cdot\left(\frac{2\vartheta-2b_2}{c_2^2}\right)\right)d\vartheta}_{IV}\right) \tag{D.1}$$

$$\begin{aligned} I=&\int_{\vartheta=0}^{t}\left(-a_1\cdot\exp\left(-\left(\frac{\vartheta-b_1}{c_1}\right)^2\right)\cdot\left(\frac{2\vartheta-2b_1}{c_1^2}\right)\right)d\vartheta= \\ &=\left[a_1\cdot\exp\left(-\left(\frac{\vartheta-b_1}{c_1}\right)\right)\right]_0^t=a_1\cdot\exp\left(-\left(\frac{t-b_1}{c_1}\right)^2\right)- \\ &-a_1\cdot\exp\left(-\left(\frac{b_1}{c_1}\right)^2\right) \end{aligned} \tag{D.2}$$

Analog zu Gl. D.2 gilt:

$$\begin{aligned} II=&\int_{\vartheta=0}^{t}\left(-a_2\cdot\exp\left(-\left(\frac{\vartheta-b_2}{c_2}\right)^2\right)\cdot\left(\frac{2\vartheta-2b_2}{c_2^2}\right)\right)d\vartheta= \\ &=\left[a_1\cdot\exp\left(-\left(\frac{\vartheta-b_2}{c_2}\right)\right)\right]_0^t=a_2\cdot\exp\left(-\left(\frac{t-b_2}{c_2}\right)^2\right)- \\ &-a_2\cdot\exp\left(-\left(\frac{b_2}{c_2}\right)^2\right) \end{aligned} \tag{D.3}$$

$$III = \int_{\vartheta=0}^{t} \left(a_1 \cdot \exp\left(-\left(\frac{t-\vartheta}{\tau}\right) - \left(\frac{\vartheta - b_1}{c_1}\right)^2 \right) \cdot \left(\frac{2\vartheta - 2b_1}{c_1^2}\right) \right) d\vartheta =$$

$$= a_1 \cdot \frac{1}{2} \cdot \exp\left(-\frac{t}{\tau}\right) \cdot$$

$$\cdot \left[-\frac{\sqrt{\pi} \cdot c_1 \cdot \exp\left(\frac{4\tau b_1 + c_1^2}{4\tau^2}\right) erf\left(\frac{c_1}{2\tau} + \frac{b_1}{c_1} - \frac{\vartheta}{c_1}\right)}{\tau} - \right.$$

$$\left. -2\exp\left(\frac{\vartheta}{\tau} - \frac{(b_1 - \vartheta)^2}{c_1^2}\right) \right]_0^t =$$

$$= a_1 \cdot \frac{1}{2} \cdot \exp\left(-\frac{t}{\tau}\right) \cdot$$

$$\cdot \left(-\frac{\sqrt{\pi} \cdot c_1 \cdot \exp\left(\frac{4\tau b_1 + c_1^2}{4\tau^2}\right) erf\left(\frac{c_1}{2\tau} + \frac{b_1}{c_1} - \frac{t}{c_1}\right)}{\tau} - \right.$$

$$-2\exp\left(\frac{t}{\tau} - \frac{(b_1 - \vartheta)^2}{c_1^2}\right) +$$

$$\left. + \frac{\sqrt{\pi} \cdot c_1 \cdot \exp\left(\frac{4\tau b_1 + c_1^2}{4\tau^2}\right) erf\left(\frac{c_1}{2\tau} + \frac{b_1}{c_1}\right)}{\tau} + 2\exp\left(-\frac{b_1^2}{c_1^2}\right) \right) \tag{D.4}$$

Analog zu Gl. D.4 gilt:

$$IV = \int_{\vartheta=0}^{t} \left(a_2 \cdot \exp\left(-\left(\frac{t-\vartheta}{\tau}\right) - \left(\frac{\vartheta - b_2}{c_2}\right)^2 \right) \cdot \left(\frac{2\vartheta - 2b_2}{c_2^2}\right) \right) d\vartheta =$$

$$= \cdots =$$

$$= a_2 \cdot \frac{1}{2} \cdot \exp\left(-\frac{t}{\tau}\right) \cdot$$

$$\cdot \left(-\frac{\sqrt{\pi} \cdot c_1 \cdot \exp\left(\frac{4\tau b_2 + c_2^2}{4\tau^2}\right) erf\left(\frac{c_2}{2\tau} + \frac{b_2}{c_2} - \frac{t}{c_2}\right)}{\tau} - \right.$$

$$-2\exp\left(\frac{t}{\tau} - \frac{(b_2 - \vartheta)^2}{c_2^2}\right) +$$

$$\left. + \frac{\sqrt{\pi} \cdot c_2 \cdot \exp\left(\frac{4\tau b_2 + c_2^2}{4\tau^2}\right) erf\left(\frac{c_2}{2\tau} + \frac{b_2}{c_2}\right)}{\tau} + 2\exp\left(-\frac{b_2^2}{c_2^2}\right) \right) \tag{D.5}$$

Eingesetzt in Gl. D.1 ergibt sich für die Gesamtverformung $\varepsilon_{KV}(t)$ des Kelvin-Voigt-Modells :

$$\varepsilon_{KV}(t) = \int_{\vartheta=0}^{t} J_{KV}(t-\vartheta) \frac{d\sigma}{d\vartheta} d\vartheta = \frac{1}{E} \cdot (I + II + III + IV) \tag{D.6}$$

D.2 Poyting-Thomson-Modell

Mit Hilfe von Gl. 2.36 und die Beziehung $J(t) = \varepsilon(t)/\sigma$ ergibt sich die Kriechfunktion des Poyting-Thomson-Modells zu:

$$J_{PT}(t) = \frac{\varepsilon_{PT}(t)}{\sigma_0} = \frac{1}{E_0} + \frac{1}{E_1}\left(1 - e^{-t/\tau}\right) \tag{D.7}$$

Gl. D.7 und Gl. 4.1 werden in Gl. 2.43 eingesetzt:

$$\begin{aligned}
\varepsilon_{PT}(t) &= \int_{\vartheta=0}^{t} J_{PT}(t-\vartheta)\frac{d\sigma}{d\vartheta}d\vartheta = \\
&= \frac{1}{E_0}\int_{\vartheta=0}^{t}\left(-a_1\cdot\exp\left(-\left(\frac{\vartheta-b_1}{c_1}\right)^2\right)\cdot\left(\frac{2\vartheta-2b_1}{c_1^2}\right)-\right. \\
&\left.-a_2\cdot\exp\left(-\left(\frac{\vartheta-b_2}{c_2}\right)^2\right)\cdot\left(\frac{2\vartheta-2b_2}{c_2^2}\right)\right)d\vartheta+ \\
&+\frac{1}{E_1}\int_{\vartheta=0}^{t}\left(1-\exp\left(-\frac{t-\vartheta}{\tau}\right)\right)\cdot \\
&\cdot\left(-a_1\cdot\exp\left(-\left(\frac{\vartheta-b_1}{c_1}\right)^2\right)\cdot\left(\frac{2\vartheta-2b_1}{c_1^2}\right)-\right. \\
&\left.-a_2\cdot\exp\left(-\left(\frac{\vartheta-b_2}{c_2}\right)^2\right)\cdot\left(\frac{2\vartheta-2b_2}{c_2^2}\right)\right)d\vartheta
\end{aligned} \tag{D.8}$$

Analog der Ausführungen in Kap. D.1 ergibt sich für die Gesamtverformung des $\varepsilon_{PT}(t)$ des Poyting-Thomson-Modells :

$$\varepsilon_{PT}(t) = \int_{\vartheta=0}^{t} J_{PT}(t-\vartheta)\frac{d\sigma}{d\vartheta}d\vartheta =$$

$$= \frac{1}{E_0}\cdot\left(a_1\cdot\exp\left(-\left(\frac{t-b_1}{c_1}\right)^2\right)-a_1\cdot\exp\left(-\left(\frac{b_1}{c_1}\right)^2\right)+\right.$$

$$\left.+a_2\cdot\exp\left(-\left(\frac{t-b_2}{c_2}\right)^2\right)-a_2\cdot\exp\left(-\left(\frac{b_2}{c_2}\right)^2\right)\right)+$$

$$\underbrace{+\frac{1}{E_1}\cdot\left(\underbrace{I}_{nach\ Gl.\ D.2}+\underbrace{II}_{nach\ Gl.\ D.3}+\underbrace{III}_{nach\ Gl.\ D.4}+\underbrace{IV}_{nach\ Gl.\ D.5}\right)}_{\varepsilon_{KV}(t)} \tag{D.9}$$

D.3 Burgers-Modell

Mit Hilfe von Gl. 2.37 und die Beziehung $J(t) = \varepsilon(t)/\sigma$ ergibt sich die Kriechfunktion des Burgers-Modells zu:

$$J_{BM}(t) = \frac{\varepsilon_{BM}(t)}{\sigma_0} = \frac{1}{E_0} + \frac{t}{\eta_0} + \frac{1}{E_1}\left(1 - e^{-t/\tau}\right) \tag{D.10}$$

Gl. D.10 und Gl. 4.1 werden in Gl. 2.43 eingesetzt:

$$\varepsilon_{BM}(t) = \int_{\vartheta=0}^{t} J_{BM}(t-\vartheta)\frac{d\sigma}{d\vartheta}d\vartheta =$$

$$= \frac{1}{E_0}\int_{\vartheta=0}^{t}\left(-a_1 \cdot \exp\left(-\left(\frac{\vartheta - b_1}{c_1}\right)^2\right) \cdot \left(\frac{2\vartheta - 2b_1}{c_1^2}\right) - \right.$$

$$\left. -a_2 \cdot \exp\left(-\left(\frac{\vartheta - b_2}{c_2}\right)^2\right) \cdot \left(\frac{2\vartheta - 2b_2}{c_2^2}\right)\right) d\vartheta +$$

$$+ \frac{1}{\eta_0}\int_{\vartheta=0}^{t}(t-\vartheta) \cdot \left(-a_1 \cdot \exp\left(-\left(\frac{\vartheta - b_1}{c_1}\right)^2\right) \cdot \left(\frac{2\vartheta - 2b_1}{c_1^2}\right) - \right.$$

$$\left. -a_2 \cdot \exp\left(-\left(\frac{\vartheta - b_2}{c_2}\right)^2\right) \cdot \left(\frac{2\vartheta - 2b_2}{c_2^2}\right)\right) d\vartheta +$$

$$+\frac{1}{E_1}\int_{\vartheta=0}^{t}\left(1-\exp\left(-\frac{t-\vartheta}{\tau}\right)\right)\cdot$$

$$\cdot\left(-a_1\cdot\exp\left(-\left(\frac{\vartheta-b_1}{c_1}\right)^2\right)\cdot\left(\frac{2\vartheta-2b_1}{c_1^2}\right)-\right. \tag{D.11}$$

$$\left.-a_2\cdot\exp\left(-\left(\frac{\vartheta-b_2}{c_2}\right)^2\right)\cdot\left(\frac{2\vartheta-2b_2}{c_2^2}\right)\right)d\vartheta$$

Analog der Ausführungen in Kap. D.1 und Kap. D.2ergibt sich für die Gesamtverformung des $\varepsilon_{BM}(t)$ des Burgers-Modells :

$$\varepsilon_{BM}(t)=\int_{\vartheta=0}^{t}J_{BM}(t-\vartheta)\frac{d\sigma}{d\vartheta}d\vartheta=$$

$$=\varepsilon_{PT}(t)-\frac{1}{\eta_0}\cdot\left(t\cdot a_1\cdot\exp\left(-\left(\frac{b_1}{c_1}\right)^2\right)+t\cdot a_2\cdot\exp\left(-\left(\frac{b_2}{c_2}\right)^2\right)+\right.$$

$$+\frac{1}{2}\cdot\sqrt{\pi}\cdot a_1\cdot c_1\left(erf\left(\frac{b_1-t}{c_1}\right)+erf\left(\frac{b_1}{c_1}\right)\right)$$

$$\left.+\frac{1}{2}\cdot\sqrt{\pi}\cdot a_2\cdot c_2\left(erf\left(\frac{b_2-t}{c_2}\right)+erf\left(\frac{b_2}{c_2}\right)\right)\right) \tag{D.12}$$

D.4 Kelvin-Voigt-Gruppe

Die Kriechfunktion der Kelvin-Voigt-Gruppe ergibt sich zu:

$$J_{KV(5)}(t) = \sum_{j=1}^{5} \frac{1}{E_j} \left(1 - e^{-t/\tau_j}\right) \tag{D.13}$$

Analog zu Kap. D.1 ergibt sich die Dehnung zu:

$$\varepsilon_{KV(5)}(t) = \sum_{j=1}^{5} \varepsilon_{KV,j}(t) \tag{D.14}$$

D.5 Kelvin-Voigt-Gruppe mit Feder

Die Kriechfunktion der Kelvin-Voigt-Gruppe mit Feder ergibt sich zu:

$$J_{KV(5),F}(t) \;=\; \frac{1}{E_0} + \sum_{j=1}^{5} \frac{1}{E_j}\left(1 - e^{-t/\tau_j}\right) \tag{D.15}$$

Analog der Ausführungen in Kap. D.2 und Kap. D.4 ergibt sich für die Gesamtverformung des $\varepsilon_{KV(5),F}(t)$ der Kelvin-Voigt-Gruppe mit Feder :

$$\begin{aligned}
\varepsilon_{KV(5),F}(t) = & \int_{\vartheta=0}^{t} J_{KV(5),F}(t-\vartheta)\frac{d\sigma}{d\vartheta}d\vartheta = \\
& = \frac{1}{E_0}\cdot\left(a_1\cdot\exp\left(-\left(\frac{t-b_1}{c_1}\right)^2\right) - a_1\cdot\exp\left(-\left(\frac{b_1}{c_1}\right)^2\right) + \right. \\
& \left. + a_2\cdot\exp\left(-\left(\frac{t-b_2}{c_2}\right)^2\right) - a_2\cdot\exp\left(-\left(\frac{b_2}{c_2}\right)^2\right)\right) + \\
& + \sum_{j=1}^{5}\varepsilon_{KV,j}(t)
\end{aligned} \tag{D.16}$$

E Berechnung des Krümmungsradius

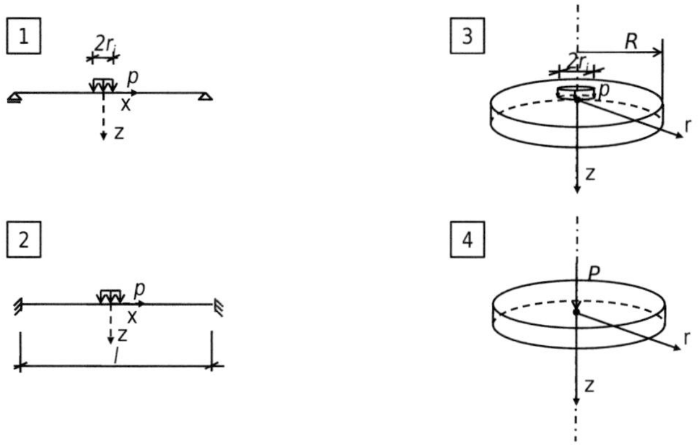

Abb. E.1: Schematische Darstellung der ausgewählten mechanischen Systeme

E.1 System 1: Balken auf zwei Stützen

$$\varepsilon(t) = \sigma \cdot J(t) \tag{E.1}$$

$$\varepsilon(t) = -\, w'' \cdot z \tag{E.2}$$

Aus Gl. E.1 und Gl. E.2 folgt:

$$\begin{aligned} -\, w'' \cdot z &= \sigma \cdot J(t) \quad | \cdot z \\ -\, w'' \cdot z^2 &= \sigma \cdot z \cdot J(t) \quad | \int dA \\ -\, w'' \cdot \underbrace{\int z^2 dA}_{I} &= J(t) \cdot \underbrace{\int \sigma \cdot z dA}_{M} \\ w'' &= -\, \frac{J(t) \cdot M}{I} \end{aligned} \tag{E.3}$$

Mit dem Föppl-Symbol $\langle x-a\rangle^n$ lässt sich die Momentengleichung für das System wie folgt schreiben:

$$M(x) = -\frac{p}{2}\left\langle x-\left(\frac{l}{2}-r_i\right)\right\rangle^2 + \frac{p}{2}\left\langle x-\left(\frac{l}{2}+r_i\right)\right\rangle^2 + pr_i x$$

$$M(x=\frac{l}{2}) = \frac{pr_i}{2}(l-r_i) \tag{E.4}$$

Gl. E.4 eingesetzt in Gl. E.3 ergibt die Krümmung an der Stelle $x=\frac{l}{2}$:

$$w''(x=\frac{l}{2}) = \kappa(x=\frac{l}{2}) = -\frac{J(t)\cdot pr_i}{2I}(l-r_i) \tag{E.5}$$

E.2 System 2: beidseitig eingespannter Balken

Die Gl. E.1 bis E.3 gelten auch für dieses System.
Für die Momentengleichung ergibt sich aus den geänderten Randbedingungen:

$$M(x) = -\frac{p}{2}\left\langle x-\left(\frac{l}{2}-r_i\right)\right\rangle^2 + \frac{p}{2}\left\langle x-\left(\frac{l}{2}+r_i\right)\right\rangle^2 + $$

$$+pr_i x + pr_i l\left(-\frac{1}{4}+\frac{r_i^2}{3l^2}\right) \tag{E.6}$$

$$M(x=\frac{l}{2}) = \frac{pr_i}{12}\left(3l-\frac{2r_i}{l}(3l-2r_i)\right)$$

Daraus folgt für die Krümmung an der Stelle $x = \frac{l}{2}$:

$$w''(x = \frac{l}{2}) = \kappa(x = \frac{l}{2}) = \frac{J(t)pr_i}{12I}\left(3l - \frac{2r_i}{l}(3l - 2r_i)\right) \tag{E.7}$$

E.3 System 3: rotationssymmertische Kreisplatte mit Topflast

Für die Platte gelten analog der Gl. E.1 und Gl. E.2 die folgenden Beziehungen:

$$\begin{aligned} \varepsilon_r(t) &= -z \cdot w_{,rr} \\ \varepsilon_\varphi(t) &= -z \cdot \left(\frac{1}{r^2}\, w_{,\varphi\varphi} + \frac{1}{r}\, w_{,r}\right) \end{aligned} \tag{E.8}$$

$$\begin{aligned} \sigma_r(t) &= \frac{1}{J(t)} \cdot (\varepsilon_r(t) + \mu \cdot \varepsilon_\varphi(t)) \cdot \frac{1}{1-\mu^2} \\ \sigma_\varphi(t) &= \frac{1}{J(t)} \cdot (\varepsilon_\varphi(t) + \mu \cdot \varepsilon_r(t)) \cdot \frac{1}{1-\mu^2} \end{aligned} \tag{E.9}$$

Aus Gl. E.8 und Gl. E.9 ergibt sich

$$\begin{aligned} m_r &= -K \cdot \left(w_{,rr} + \frac{\mu}{r}\, w_{,r}\right) \\ m_\varphi &= -K \cdot \left(\frac{1}{r} w_{,r} + \mu\, w_{,rr}\right) \\ m_{r\varphi} &= m_{\varphi r} = 0 \end{aligned} \tag{E.10}$$

Wobei K die Plattensteifigkeit wie in Gl. E.11 definiert ist.

$$K = \frac{h^3}{12} \cdot \frac{1}{J(t)} \cdot \frac{1}{1-\mu^2} \tag{E.11}$$

Aus der Platten-DGL ergibt sich dann für die Krümmung unter der Lastfläche:

$$w(0\leq\ r\ \leq\ r_i)_{,rr}=\frac{pr_i^4}{64K}\cdot\left(12\cdot\left(\frac{r}{r_i}\right)^2+\right.$$
$$\left.+2\cdot\left(-\frac{8}{1+\mu}+2\cdot\frac{1-\mu}{1+\mu}\left(\frac{r_i}{R}\right)^2-8\ln\frac{R}{r_i}\right)\right) \tag{E.12}$$

Und daraus die Krümmung in der Lastachse zu:

$$w(r=0)_{,rr}=\kappa(r=0)=\frac{pr_i^4}{64K}\cdot\left(-\frac{16}{1+\mu}+4\cdot\frac{1-\mu}{1+\mu}\left(\frac{r_i}{R}\right)^2-16\ln\frac{R}{r_i}\right) \tag{E.13}$$

E.4 System 4: rotationssymmertische Kreisplatte mit Einzellast

Die Gl. E.8 bis E.11 gelten auch für dieses System.
Für die Krümmung ergibt sich aus den geänderten Randbedingungen:

$$w(r=0)_{,rr}=\kappa(r=0)=\frac{PR^2}{16\pi K}\cdot\left(-\frac{2(3+\mu)}{1+\mu}+4\ln\frac{r}{R}+6\right) \tag{E.14}$$

F Ergebnisse

F.1 Empirische Ansätze

Feld	Remark Nr.	$R0_{Je}$	$R0_{Gr}$	$R0_{g}$
	1	2.775	4.585	2.556
	2	1.471	3.298	2.540
1	3	1.728	3.811	2.088
	4	1.453	3.489	1.919
	5	1.402	3.134	1.912
	6	1.519	3.621	2.073
	7	1.695	3.966	2.088
	8	1.636	3.967	2.115
	9	1.240	3.435	1.939
	10	1.413	3.975	2.326
	11	1.288	2.912	1.678
	12	1.083	1.942	1.461
2	13	1.419	1.480	2.332
	14	1.238	1.154	2.117
	15	1.019	980	1.935
	16	1.371	1.287	2.336
	17	1.510	1.813	2.564
	18	1.321	1.487	2.318
	19	1.447	1.407	2.308
	20	1.651	2.400	2.876
	21	917	858	1.651
	22	1.478	1.216	2.286
3	23	1.389	2.682	1.926
	24	1.829	3.536	2.547
	25	1.774	4.113	2.520
	26	1.657	2.928	2.073
	27	1.578	2.623	2.066
	28	1.691	3.749	2.292
	29	1.424	3.197	1.922
	30	1.195	2.421	1.648
	31	1.304	2.646	1.765
	32	1.546	3.402	2.070
4	33	1.236	1.626	2.065
	34	2.008	3.320	3.245
	35	1.738	2.964	2.853
	36	1.565	2.571	2.520
	37	1.656	3.258	2.847
	38	1.660	2.664	2.535
	39	1.154	1.757	1.906
	40	1.466	2.249	2.500
	41	1.522	2.443	2.490
	42	1.343	2.317	2.273
5	43	1.328	2.522	2.243
	44	1.546	2.713	2.525
	45	1.284	2.123	2.060
	46	1.486	2.447	2.555
	47	1.861	3.991	2.828
	48	1.798	4.457	2.829
	49	1.514	2.541	2.522
	50	1.675	4.102	2.538
	51	1.775	5.248	3.219
	52	1.639	3.704	2.517
6	53	1.769	3.682	2.828
	54	2.052	4.957	3.220
	55	1.715	4.554	2.825
	56	2.076	7.733	3.229
	57	2.074	7.528	3.256
	58	1.472	4.194	2.281
	59	1.536	4.253	2.868
	60	2.127	5.561	3.233
	61	1.795	5.117	2.831

Tab. F.1: Krümmungsradius R0 im Lastzentrum, berechnet mit den empirischen Ansätzen (Strecke S1)

Remark Nr.	RO_{Je}	RO_{Gr}	RO_g
2	951	3.354	1.683
3	1.330	6.863	2.154
4	1.887	9.228	3.073
5	2.278	10.617	3.590
6	1.860	6.797	2.682
7	1.583	7.803	2.717
8	1.483	3.945	1.977
9	1.963	5.096	2.416
11	1.521	7.814	2.379
12	1.217	3.096	1.677
13	1.596	4.300	2.154
14			
15	2.281	7.885	3.088
16	1.315	5.178	2.400
17	1.419	5.139	2.390
18	1.744	4.462	2.386
19	1.396	2.027	1.445
20	1.273	4.693	2.159
21	1.149	3.702	2.161
22	1.149	2.437	1.674
23	1.158	3.585	2.181
24	1.259	4.925	2.179
25	1.256	4.644	2.185
26	1.458	4.194	2.217
28	1.130	3.928	1.970
29	1.148	4.654	1.966
30	1.157	4.388	1.966
31	811	2.611	1.370
32	1.247	5.068	1.984
33	690	2.555	1.155
34	836	2.855	1.377
35	479	1.480	787
36	712	1.949	1.011
37	555	1.883	989
38	530	1.069	752
39	472	1.448	782
40	685	2.505	1.100
41	718	2.333	1.202
42	896	2.523	1.283
43	639	1.896	1.096

Tab. F.2: Krümmungsradius R0 im Lastzentrum, berechnet mit den empirischen Ansätzen (Strecke S2)

Mess-termin	Remark Nr.	$R0_{Je}$	$R0_{Gr}$	$R0_g$
	2	454	445	487
	3	474	508	539
	4	433	480	456
	5	427	452	459
	6	373	396	413
	7	399	421	425
	8	397	464	442
1	9	453	410	499
	10	470	470	511
	11	430	453	469
	12	381	469	441
	13	293	387	349
	14	304	402	317
	15	258	263	285
	16	497	557	519
	1	647	618	685
	2	721	687	738
	3	682	775	715
	4	864	935	1.055
	5	752	838	741
	6	483	564	502
	7	674	741	697
2	8	768	916	824
	9	640	551	677
	10	746	788	749
	11	675	679	698
	12	535	719	573
	13	364	520	399
	14	155	503	335
	15	328	365	347
	16	268	953	787
	1	341	329	362
	2	426	430	453
	3	427	491	467
	4	450	507	473
	5	439	479	463
	6	356	419	385
	7	378	431	406
3	8	436	499	484
	9	444	403	497
	10	478	475	537
	11	449	479	502
	12	412	492	465
	13	302	376	342
	14	283	369	294
	15	235	258	259
	16	490	571	513
	1	380	374	430
	2	494	511	582
	3	557	670	694
	4	509	619	582
	5	401	474	451
	6	370	438	438
	7	376	428	432
	8	424	488	488
4	9	348	341	472
	9	469	434	583
	10	468	458	533
	11	387	466	476
	12	359	450	443
	13	268	386	349
	14	261	364	284
	15	233	264	271
	16	424	505	463

Tab. F.3: Krümmungsradius R0 im Lastzentrum, berechnet mit den empirischen Ansätzen (Strecke S3, Messtermin 1 bis 4)

Messtermin	Remark Nr.	$R0_{Je}$	$R0_{Gr}$	$R0_g$
5	1	518	494	582
	2	554	594	645
	3	728	885	956
	4	790	909	879
	5	525	613	579
	6	431	539	526
	7	500	593	578
	8	633	752	729
	9	575	556	729
	10	590	624	699
	11	556	649	660
	12	449	614	570
	13	393	581	496
	14	400	548	412
	15	312	340	359
	16	564	663	617
6	2	731	740	785
	3	801	1.035	960
	4	941	1.090	961
	5	688	801	698
	6	512	619	570
	7	592	715	637
	8	758	966	827
	9	745	702	860
	10	916	945	979
	11	731	741	803
	12	643	793	744
	13	436	628	519
	14	436	650	453
7	2	438	449	574
	3	515	596	674
	4	457	581	593
	5	444	517	587
	6	308	374	409
	7	365	426	465
	8	401	489	547
	9	358	324	484
	10	424	436	578
	11	373	413	501
	12	354	463	479
	13	282	363	378
	14	207	313	263
	15	211	235	278
	16	402	505	514

Tab. F.4: Krümmungsradius R0 im Lastzentrum, berechnet mit den empirischen Ansätzen (Strecke S3, Messtermin 5 bis 7)

			S 1						S2	S3						
			Feld 1	Feld 2	Feld 3	Feld 4	Feld 5	Feld 6		MT 1	MT 2	MT 3	MT 4	MT 5	MT 6	MT 7
Krümmungsradius $R0_{je}$ im Lastzentrum [m]	Mittelwert		1.446	1.337	1.539	1.535	1.591	1.846	1.242	399	581	397	370	532	658	368
	95% Konfidenzintervall des Mittelwerts	Untergrenze	1.298	1.176	1.390	1.354	1.451	1.656	1.085	362	472	357	310	467	562	323
		Obergrenze	1.594	1.498	1.687	1.715	1.730	2.036	1.398	436	691	436	430	598	754	414
	5% getrimmtes Mittel		1.450	1.343	1.542	1.530	1.593	1.851	1.217	401	589	400	380	530	660	369
	Median		1.433	1.395	1.562	1.544	1.593	1.795	1.247	413	660	426	380	540	688	369
	Vationskoeffizient		14,3%	16,8%	13,5%	16,4%	12,2%	13,4%	40,9%	17,6%	35,2%	18,6%	33,6%	23,1%	26,4%	22,9%
	Standardabweichung		207	225	207	252	195	247	508	70	205	74	124	123	174	85
	Minimum		1.083	917	1.195	1.154	1.284	1.472	472	258	155	235	0	312	345	207
	Maximum		1.728	1.651	1.829	2.008	1.861	2.127	2.620	497	864	490	557	790	941	515
	Spannweite		646	734	634	854	577	655	2.148	239	710	255	557	479	596	307
	Interquartilbereich		375	303	344	364	334	449	673	105	347	103	161	150	246	115
Krümmungsradius $R0_{Gr}$ im Lastzentrum [m]	Mittelwert		3.425	1.408	3.130	2.517	3.385	5.287	4.327	432	697	438	420	622	763	428
	95% Konfidenzintervall des Mittelwerts	Untergrenze	2.971	1.092	2.729	2.111	2.632	4.179	3.596	396	607	396	352	549	663	376
		Obergrenze	3.879	1.725	3.531	2.924	4.138	6.394	5.058	469	787	480	487	696	863	480
	5% getrimmtes Mittel		3.477	1.384	3.115	2.522	3.351	5.240	4.228	435	701	441	429	622	763	430
	Median		3.555	1.347	3.063	2.507	3.209	4.957	4.194	449	703	453	438	603	740	431
	Vationskoeffizient		18,5%	31,4%	17,9%	22,6%	31,1%	27,2%	54,9%	15,8%	24,3%	17,8%	33,6%	22,2%	23,7%	22,8%
	Standardabweichung		635	442	561	568	1.053	1.440	2.375	68	170	78	141	138	181	98
	Minimum		1.942	858	2.421	1.626	2.123	3.682	0	263	365	258	0	340	429	235
	Maximum		3.975	2.400	4.113	3.320	5.248	7.733	10.617	557	953	571	670	909	1.090	596
	Spannweite		2.032	1.542	1.692	1.693	3.124	4.052	10.617	294	588	313	670	569	661	361
	Interquartilbereich		888	458	949	911	1.687	2.321	2.673	72	272	109	124	109	317	137
Krümmungsradius Ro_g im Lastzentrum [m]	Mittelwert		1.960	2.272	2.083	2.523	2.584	2.952	1.925	436	658	431	437	626	722	486
	95% Konfidenzintervall des Mittelwerts	Untergrenze	1.785	2.036	1.871	2.242	2.354	2.706	1.712	397	557	388	365	544	619	426
		Obergrenze	2.134	2.509	2.295	2.805	2.813	3.199	2.139	475	758	475	510	708	824	546
	5% getrimmtes Mittel		1.967	2.273	2.081	2.518	2.577	2.973	1.912	439	653	435	447	623	725	488
	Median		2.006	2.313	2.068	2.510	2.532	2.868	1.984	449	697	464	451	600	744	493
	Vationskoeffizient		12,5%	14,6%	14,2%	15,6%	12,4%	10,9%	36,0%	16,9%	28,6%	18,9%	34,2%	24,5%	25,6%	23,1%
	Standardabweichung		244	331	297	393	321	321	694	74	188	82	150	154	185	113
	Minimum		1.461	1.651	1.648	1.906	2.060	2.281	752	285	335	259	0	359	397	263
	Maximum		2.326	2.876	2.547	3.245	3.219	3.256	3.590	539	1.055	537	694	956	979	674
	Spannweite		865	1.225	899	1.339	1.158	975	2.838	254	720	278	694	597	582	411
	Interquartilbereich		242	322	466	627	380	405	1.103	116	227	126	184	184	290	156

Tab. F.5: Statistische Kenngrößen des Krümmungsradius

F.2 Rheologische Ansätze

Feld	Remark Nr.	E-Moduln								
		E_{el}	E_{KV}	$E_{PT\,(ges)}$	$E_{PT\,(Asph)}$	$E_{BM\,(ges)}$	$E_{BM\,(Asph)}$	$E_{KV(5)}$	$E_{KV(5),F\,(ges)}$	$E_{KV(5),F\,(Asph)}$
	1		13.880	13.862	18.900	14.129	19.400	13.930	13.960	19.083
	2		14.000	14.022	19.200	14.235	19.600	13.992	14.012	19.180
1	3	2.373	10.646	10.590	13.400	10.652	13.500	10.659	10.648	13.494
	4	2.073	9.000	9.016	11.000	9.217	11.300	9.480	9.065	11.073
	5	1.841	7.906	7.900	9.400	7.900	9.400	8.068	8.078	9.654
	6	1.948	8.606	8.609	10.400	8.609	10.400	8.808	8.805	10.687
	8	2.088	9.610	9.631	11.900	9.631	11.900	9.569	9.625	11.892
	9	1.567	8.550	8.541	10.300	8.541	10.300	8.547	8.558	10.325
	11	1.240	7.200	7.232	8.500	7.232	8.500	7.200	7.201	8.457
	12	1.781	7.150	7.171	8.400	7.171	8.400	7.200	7.163	8.390
2	13	8.800	25.500	25.496	48.300	25.523	48.400	25.500	25.510	48.350
	14	7.936	22.390	22.407	38.300	22.407	38.300	22.353	22.524	38.641
	15	6.905	21.390	21.419	35.500	21.346	35.300	21.373	21.416	35.492
	16	9.362	27.700	27.682	56.800	27.730	57.000	27.651	27.818	57.373
	17	12.996	26.400	26.395	52.100	26.421	52.200	26.268	26.403	52.130
	19	4.395	22.100	22.150	37.800	22.150	37.800	22.079	22.194	37.929
3	23	736	12.880	12.812	17.000	12.812	17.000	12.858	12.928	17.206
	24	2.209	13.880	13.915	19.000	13.915	19.000	13.888	13.859	18.895
	25	3.053	13.300	13.338	18.000	13.338	18.000	13.421	13.380	18.076
	26	1.517	12.650	12.668	16.800	12.668	16.800	12.618	12.667	16.798
	27	1.116	11.000	11.008	14.000	11.008	14.000	11.035	11.041	14.054
	28	1.911	12.340	12.323	16.200	12.323	16.200	12.314	12.349	16.245
	29	1.986	11.000	10.985	14.000	10.985	14.000	11.008	11.004	14.032
	30	2.544	9.900	9.955	12.400	9.988	12.450	9.939	9.959	12.406
	31	1.242	10.900	10.923	13.900	10.923	13.900	10.898	10.864	13.804
	32	1.725	11.500	11.483	14.820	11.483	14.820	11.447	11.393	14.671
4	33	3.406	20.700	20.721	33.820	20.721	33.820	20.663	20.668	33.678
	34	10.245	24.700	24.705	45.900	24.963	46.800	24.686	24.718	45.946
	35	13.143	22.700	22.723	39.500	22.723	39.500	22.628	22.664	39.321
	36	5.355	19.700	19.718	31.400	19.718	31.400	19.676	19.862	31.766
	37	10.741	17.800	17.888	27.000	17.888	27.000	17.908	18.027	27.319
	38	7.120	16.800	16.843	24.800	16.935	25.000	16.781	16.942	25.014
	39	2.389	16.000	16.039	23.000	16.039	23.000	16.165	16.262	23.461
	40	6.374	20.400	20.413	33.200	20.413	33.200	20.435	20.526	33.499
	42	10.342	16.900	16.935	25.000	16.935	25.000	17.011	17.013	25.170
5	43	8.757	16.900	16.935	25.000	16.935	25.000	17.011	17.013	25.170
	44	15.462	20.100	20.108	32.400	20.108	32.400	19.994	20.127	32.451
	45	12.531	17.800	17.799	26.800	17.799	26.800	17.874	17.760	26.711
	46	12.348	18.600	18.618	28.700	18.618	28.700	18.607	18.768	29.058
	47	8.938	18.600	18.556	28.700	18.556	28.700	18.607	18.705	29.058
	48	1.422	18.500	18.472	28.500	18.472	28.500	18.497	18.511	28.592
	49	23.389	18.000	17.975	27.200	18.062	27.400	18.009	18.127	27.548
	50	10.804	15.100	15.102	21.200	15.102	21.200	15.096	15.034	21.066
	51	11.043	14.100	14.076	19.300	14.076	19.300	14.066	14.138	19.417
	52	11.686	16.200	16.234	23.500	16.234	23.500	16.199	16.260	23.555
6	53	9.833	16.600	16.611	24.300	16.611	24.300	16.616	16.599	24.273
	54	8.676	15.600	15.607	22.300	15.607	22.300	15.556	15.531	22.145
	55	12.474	14.600	14.600	20.300	14.600	20.300	14.553	14.566	20.234
	56	11.399	10.800	10.946	13.900	10.946	13.900	10.826	10.944	13.897
	57	11.629	9.200	9.253	11.280	9.253	11.280	9.227	9.342	11.412
	58	9.063	9.800	9.863	12.200	9.994	12.400	9.810	9.875	12.217
	59	7.915	10.800	10.821	13.700	10.821	13.700	10.790	10.858	13.759
	60	14.258	10.400	10.464	13.100	10.528	13.200	10.400	10.495	13.149
	61	12.037	10.400	10.443	13.100	10.507	13.200	10.400	10.475	13.149

Tab. F.6: E-Moduln, berechnet mit elastischen und viskoelastischen Ansätzen (Strecke S1)

Remark	E-Moduln								
Nr.	E_{el}	E_{KV}	$E_{PT\,(ges)}$	$E_{PT\,(Asph)}$	$E_{BM\,(ges)}$	$E_{BM\,(Asph)}$	$E_{KV(5)}$	$E_{KV(5),F\,(ges)}$	$E_{KV(5),F\,(Asph)}$
2	18.815	4.600	4.610	5.100	4.610	5.100	4.597	4.589	5.074
3	31.110	5.450	5.510	6.200	5.510	6.200	5.633	5.615	6.333
4	31.840	5.750	5.746	6.500	5.746	6.500	5.870	5.894	6.691
5	30.424	5.600	5.589	6.300	5.589	6.300	5.656	5.677	6.413
6	21.503	4.600	4.610	5.100	4.610	5.100	4.639	4.642	5.139
7	26.122	5.550	5.582	6.300	5.582	6.300	5.522	5.544	6.268
8	12.199	4.400	4.437	4.900	4.437	4.900	4.451	4.343	4.785
9	11.597	4.120	4.140	4.550	4.140	4.550	4.134	4.122	4.527
11	21.183	4.650	4.651	5.150	4.651	5.150	4.738	4.692	5.200
12	13.545	4.280	4.314	4.750	4.314	4.750	4.274	4.276	4.704
13	14.776	5.120	5.095	5.700	5.135	5.750	5.119	5.152	5.772
14	11.200	4.750	4.758	5.300	4.758	5.300	4.711	4.770	5.315
15	21.140	5.550	5.576	6.300	5.576	6.300	5.638	5.633	6.374
16	29.576	6.600	6.597	7.600	6.597	7.600	6.653	6.699	7.736
17	22.330	5.900	5.824	6.600	5.901	6.700	6.105	6.431	7.392
18	22.867	5.700	5.700	6.450	5.700	6.450	5.800	5.838	6.628
19	4.695	3.600	3.579	3.900	3.579	3.900	3.564	3.568	3.887
20	23.595	6.000	6.017	6.850	6.017	6.850	6.176	6.168	7.046
21	25.144	6.250	6.294	7.200	6.294	7.200	6.218	6.246	7.137
22	17.884	6.220	6.209	7.100	6.209	7.100	6.145	6.186	7.070
23	23.088	6.800	6.822	7.900	6.822	7.900	6.761	6.806	7.878
24	16.346	5.800	5.817	6.600	5.817	6.600	5.821	5.850	6.643
25	17.843	5.800	5.817	6.600	5.817	6.600	5.821	5.850	6.643
26	6.894	7.600	7.687	9.100	7.687	9.100	7.581	7.627	9.016
28	14.348	6.800	6.813	7.900	6.813	7.900	6.831	6.925	8.051
29	17.346	5.340	5.339	6.000	5.339	6.000	5.444	5.469	6.164
30	16.932	5.340	5.339	6.000	5.339	6.000	5.444	5.469	6.164
31	26.318	5.650	5.667	6.400	5.667	6.400	5.679	5.704	6.447
32	19.591	5.100	5.101	5.700	5.101	5.700	5.085	5.134	5.742
33	10.984	3.980	3.978	4.350	3.978	4.350	3.980	4.000	4.377
34	12.139	4.020	4.036	4.420	4.036	4.420	4.020	4.050	4.436
35	8.518	3.400	3.422	3.700	3.422	3.700	3.402	3.398	3.672
36	5.820	2.980	2.978	3.200	2.978	3.200	2.963	2.973	3.194
37	9.068	3.540	3.533	3.830	3.533	3.830	3.529	3.538	3.836
38	4.958	2.790	2.802	3.000	2.802	3.000	2.779	2.766	2.958
39	5.044	2.740	2.748	2.940	2.774	2.970	2.740	2.739	2.930
40	9.323	3.740	4.080	4.340	3.744	4.080	3.750	3.755	4.093
41	8.489	3.700	3.694	4.020	3.694	4.020	3.694	3.710	4.040
42	7.966	3.700	3.690	4.020	3.690	4.020	3.694	3.707	4.040
43	15.134	4.540	4.545	5.020	4.545	5.020	4.545	4.527	5.034

Tab. F.7: E-Moduln, berechnet mit elastischen und viskoelastischen Ansätzen (Strecke S2)

Messtermin	Remark Nr.	E-Moduln								
		E_{el}	E_{KV}	$E_{PT\ (ges)}$	$E_{PT\ (Asph)}$	$E_{BM\ (ges)}$	$E_{BM\ (Asph)}$	$E_{KV(5)}$	$E_{KV(5),F\ (ges)}$	$E_{KV(5),F\ (Asph)}$
	2	8.616	1.280	1.283	1.330	1.250	1.295	1.279	1.268	1.315
	3	15.624	1.430	1.432	1.490	1.405	1.460	1.421	1.421	1.478
	4	15.398	1.010	1.006	1.040	1.001	1.035	1.071	1.070	1.109
	5	14.787	1.000	1.000	1.035	963	995	1.004	983	1.017
	6	14.406	970	967	1.000	934	965	977	956	989
	7	14.136	980	976	1.010	948	980	984	971	1.005
	8	17.907	1.070	1.072	1.110	1.025	1.060	1.051	1.040	1.076
1	9	5.784	1.850	1.844	1.930	1.817	1.900	1.814	1.817	1.901
	10	8.439	1.640	1.637	1.710	1.555	1.620	1.614	1.616	1.687
	11	9.058	1.420	1.421	1.480	1.375	1.430	1.411	1.411	1.470
	12	18.870	1.150	1.148	1.190	1.083	1.120	1.165	1.171	1.214
	13	16.915	900	898	930	884	915	918	912	945
	14	6.353	650	649	680	649	680	648	645	677
	15	8.253	770	770	795	746	770	746	746	770
	16	15.000	1.050	1.052	1.090	1.062	1.100	1.043	1.039	1.076
	1	8.358	1.130	1.128	1.170	1.100	1.140	1.121	1.122	1.163
	2	11.892	1.320	1.317	1.370	1.280	1.330	1.308	1.311	1.364
	3	17.892	1.400	1.392	1.450	1.346	1.400	1.394	1.396	1.454
	4	16.105	1.170	1.174	1.220	1.174	1.220	1.211	1.220	1.270
	5	14.424	1.060	1.060	1.100	1.051	1.090	1.067	1.068	1.109
	6	11.662	1.000	995	1.030	985	1.020	1.007	1.003	1.039
	7	14.525	1.050	1.060	1.100	1.051	1.090	1.067	1.068	1.109
2	8	20.675	1.220	1.231	1.280	1.185	1.230	1.230	1.222	1.270
	9	6.722	1.760	1.756	1.840	1.710	1.790	1.756	1.738	1.821
	10	14.864	1.630	1.645	1.720	1.617	1.690	1.668	1.667	1.744
	11	11.609	1.420	1.419	1.480	1.410	1.470	1.448	1.429	1.491
	12	16.900	1.100	1.100	1.140	1.081	1.120	1.119	1.115	1.156
	13	14.053	860	869	900	832	860	862	869	899
	14	9.512	640	637	670	633	665	641	641	674
	15	6.422	750	745	770	740	765	760	751	777
	16	17.805	1.090	1.090	1.130	1.080	1.120	1.093	1.098	1.139
	1	5.448	1.020	1.024	1.060	1.024	1.060	1.019	1.014	1.049
	2	10.414	1.160	1.167	1.210	1.167	1.210	1.157	1.167	1.211
	3	20.982	1.160	1.157	1.200	1.167	1.210	1.150	1.161	1.204
	4	14.251	980	992	1.030	992	1.030	986	994	1.032
	5	14.021	955	954	990	954	990	949	946	981
	6	13.585	945	944	980	944	980	941	946	981
	7	14.140	955	955	990	955	990	949	947	981
3	8	17.957	1.070	1.060	1.100	1.060	1.100	1.064	1.069	1.110
	9	5.448	1.490	1.500	1.560	1.509	1.570	1.492	1.493	1.553
	10	10.414	1.430	1.432	1.490	1.432	1.490	1.429	1.430	1.489
	11	19.104	1.250	1.261	1.310	1.261	1.310	1.258	1.266	1.315
	12	18.659	1.090	1.088	1.130	1.088	1.130	1.093	1.096	1.139
	13	13.911	820	818	850	818	850	820	824	856
	14	5.756	610	618	670	610	660	612	608	658
	15	7.908	720	714	740	719	745	711	719	745
	16	15.048	1.030	1.039	1.080	1.011	1.050	1.010	1.010	1.048
	1	7.527	1.320	1.311	1.360	1.320	1.370	1.329	1.329	1.379
	2	20.720	1.650	1.640	1.710	1.640	1.710	1.647	1.656	1.728
	3	43.196	1.830	1.835	1.920	1.835	1.920	1.832	1.827	1.912
	4	28.794	1.400	1.403	1.460	1.394	1.450	1.401	1.402	1.459
	5	20.725	1.135	1.139	1.180	1.139	1.180	1.141	1.139	1.180
	6	19.835	1.140	1.139	1.180	1.139	1.180	1.141	1.139	1.180
	7	19.119	1.140	1.434	1.500	1.489	1.560	1.141	1.146	1.188
	8	23.115	1.230	1.234	1.280	1.234	1.280	1.238	1.242	1.289
4	9	23.881	2.000	2.004	2.100	2.004	2.100	1.993	1.993	2.087
	9	13.722	2.000	2.004	2.100	2.004	2.100	1.998	1.993	2.087
	10	10.249	1.580	1.584	1.650	1.584	1.650	1.581	1.577	1.642
	11	17.492	1.510	1.517	1.580	1.517	1.580	1.518	1.514	1.576
	12	24.599	1.260	1.261	1.310	1.261	1.310	1.257	1.261	1.310
	13	22.640	1.020	1.023	1.060	1.023	1.060	1.019	1.012	1.048
	14	7.109	680	681	715	681	715	684	686	720
	15	10.045	840	836	865	836	865	833	835	864
	16	17.389	1.110	1.117	1.160	1.117	1.160	1.111	1.112	1.154

Tab. F.8: E-Moduln, berechnet mit elastischen und viskoelastischen Ansätzen(Strecke S3, Messtermin 1 bis 4)

Mess-termin	Remark Nr.	E-Moduln								
		E_{el}	E_{KV}	$E_{PT\,(ges)}$	$E_{PT\,(Asph)}$	$E_{BM\,(ges)}$	$E_{BM\,(Asph)}$	$E_{KV(5)}$	$E_{KV(5),F\,(ges)}$	$E_{KV(5),F\,(Asph)}$
5	1	10.534	1.610	1.592	1.660	1.588	1.655	1.607	1.608	1.677
	2	29.946	2.010	2.001	2.100	2.046	2.150	2.007	2.013	2.113
	3		2.710	2.728	2.900	2.728	2.900	2.718	2.715	2.885
	4	42.131	1.830	1.813	1.900	1.822	1.910	1.827	1.833	1.922
	5	29.623	1.410	1.412	1.470	1.431	1.490	1.410	1.415	1.473
	6	33.827	1.520	1.508	1.570	1.517	1.580	1.522	1.521	1.584
	7	24.020	1.560	1.572	1.640	1.545	1.610	1.560	1.558	1.625
	8	47.299	1.760	1.759	1.840	1.759	1.840	1.765	1.770	1.852
	9	34.689	2.610	2.604	2.760	2.532	2.680	2.609	2.606	2.762
	10	27.737	2.200	2.212	2.330	2.203	2.320	2.195	2.199	2.317
	11	28.721	1.980	1.972	2.070	1.981	2.080	1.974	1.976	2.075
	12	37.153	1.640	1.647	1.720	1.647	1.720	1.659	1.660	1.734
	13	34.561	1.300	1.299	1.350	1.299	1.350	1.301	1.299	1.350
	14	9.879	860	855	890	860	895	881	884	921
	15	8.423	1.050	1.043	1.080	1.043	1.080	1.028	1.033	1.069
	16	29.500	1.450	1.468	1.530	1.468	1.530	1.453	1.454	1.515
6	2	24.199	1.800	1.806	1.890	1.897	1.990	1.804	1.807	1.891
	3	75.388	2.300	2.301	2.430	2.373	2.510	2.309	2.312	2.441
	4	36.253	1.680	1.673	1.750	1.782	1.870	1.677	1.678	1.756
	5	24.707	1.370	1.363	1.420	1.391	1.450	1.373	1.377	1.435
	6	29.975	1.370	1.365	1.420	1.392	1.450	1.373	1.379	1.435
	7	29.026	1.420	1.421	1.480	1.448	1.510	1.422	1.422	1.481
	8	44.133	1.610	1.609	1.680	1.664	1.740	1.613	1.610	1.681
	9	27.632	2.450	2.458	2.600	2.547	2.700	2.452	2.457	2.599
	10	34.383	2.350	2.337	2.470	2.409	2.550	2.356	2.354	2.488
	11	21.529	1.800	1.786	1.870	1.850	1.940	1.802	1.800	1.885
	12	43.293	1.610	1.610	1.680	1.674	1.750	1.611	1.614	1.685
	13	29.427	1.220	1.222	1.270	1.231	1.280	1.218	1.220	1.268
	14	11.076	880	882	920	896	935	878	884	922
7	2	9.239	1.200	1.214	1.260	1.214	1.260	1.209	1.208	1.254
	3	24.067	1.310	1.308	1.360	1.317	1.370	1.308	1.324	1.378
	4	16.804	1.060	1.059	1.100	1.064	1.105	1.067	1.069	1.110
	5	14.073	990	981	1.020	985	1.025	996	985	1.025
	6	13.108	920	912	945	912	945	913	903	935
	7	13.649	975	977	1.015	977	1.015	968	968	1.005
	8	18.747	1.060	1.060	1.100	1.060	1.100	1.067	1.061	1.101
	9	5.004	1.470	1.481	1.540	1.481	1.540	1.362	1.373	1.423
	10	9.931	1.420	1.423	1.480	1.423	1.480	1.414	1.411	1.467
	11	10.110	1.250	1.252	1.300	1.257	1.305	1.251	1.248	1.296
	12	20.305	1.140	1.136	1.180	1.108	1.150	1.149	1.151	1.196
	13	15.109	880	876	910	867	900	873	878	912
	14	5.923	615	612	660	604	650	613	616	664
	15	8.059	720	713	740	718	745	705	710	737
	16	14.432	980	973	1.010	982	1.020	966	974	1.011

Tab. F.9: E-Moduln, berechnet mit elastischen und viskoelastischen Ansätzen (Strecke S3, Messtermin 5 bis 7)

Feld	Remark Nr.	Balken auf zwei Stützen								
		$R0_{el}$	$R0_{KV}$	$R0_{PT\,(ges)}$	$R0_{PT\,(Asph)}$	$R0_{BM\,(ges)}$	$R0_{BM\,(Asph)}$	$R0_{KV(5)}$	$R0_{KV(5),F\,(ges)}$	$R0_{KV(5),F\,(Asph)}$
	1		21.947	21.918	3.424	21.923	3.515	22.026	22.073	3.458
	2		22.436	22.472	3.526	22.413	3.599	22.424	22.454	3.522
1	3	1.175	17.011	16.921	2.454	16.733	2.472	17.032	17.015	2.471
	4	1.026	14.338	14.364	2.008	14.400	2.063	14.419	14.442	2.021
	5	911	12.695	12.684	1.730	12.514	1.730	12.951	12.967	1.776
	6	964	13.879	13.884	1.922	13.584	1.922	14.205	14.199	1.975
	8	199	15.179	15.182	2.154	14.954	2.154	15.114	15.173	2.152
	9	776	13.451	13.457	1.857	13.312	1.858	13.444	13.483	1.861
	11	614	11.216	11.265	1.517	11.155	1.518	11.215	11.216	1.509
	12	881	11.249	11.281	1.514	11.176	1.515	11.275	11.268	1.512
2	13	4.356	40.020	40.013	8.686	38.838	8.706	40.020	40.042	8.698
	14	3.928	35.106	35.133	6.881	34.228	6.888	35.048	35.315	6.942
	15	3.418	33.829	33.875	6.434	32.130	6.397	33.803	33.871	6.432
	16	4.634	43.362	43.334	10.189	42.012	10.228	43.285	43.546	10.291
	17	6.433	41.871	41.864	9.469	40.573	9.489	41.661	41.876	9.474
	19	2.176	35.170	35.250	6.893	34.336	6.897	35.137	35.320	6.917
3	23	714	20.472	20.363	3.096	20.019	3.096	20.437	20.549	3.134
	24	1.094	22.274	22.331	3.494	21.553	3.494	22.287	22.240	3.475
	25	1.511	21.630	21.692	3.354	21.325	3.355	21.826	21.760	3.369
	26	751	20.450	20.479	3.112	20.044	3.112	20.399	20.477	3.112
	27	552	17.936	17.948	2.616	17.690	2.616	17.992	18.003	2.626
	28	946	19.788	19.761	2.977	19.300	2.977	19.746	19.803	2.985
	29	983	17.510	17.486	2.554	17.232	2.554	17.522	17.517	2.560
	30	764	15.729	15.817	2.257	15.646	2.267	15.790	15.823	2.259
	31	615	17.537	17.573	2.563	17.326	2.563	17.534	17.478	2.545
	32	854	18.665	18.638	2.756	18.362	2.756	18.579	18.492	2.729
4	33	1.686	33.537	33.571	6.279	32.706	6.279	33.477	33.484	6.252
	34	5.071	40.029	40.036	8.524	39.146	8.691	40.007	40.058	8.532
	35	6.506	36.578	36.615	7.293	35.583	7.294	36.461	36.520	7.260
	36	2.651	32.047	32.076	5.853	31.288	5.855	32.008	32.310	5.921
	37	5.317	28.755	28.887	4.998	28.225	5.008	28.920	29.108	5.056
	38	3.524	27.017	27.083	4.570	26.585	4.610	26.983	27.240	4.609
	39	1.183	25.693	25.749	4.232	25.249	4.241	25.953	26.105	4.317
	40	3.155	33.471	33.492	6.242	32.683	6.245	33.528	33.676	6.298
	42	5.119	27.310	27.367	4.629	26.783	4.631	27.489	27.493	4.661
5	43	4.335	27.772	27.830	4.708	27.268	4.710	27.954	27.958	4.740
	44	7.654	32.434	32.446	5.991	31.490	5.991	32.263	32.477	6.000
	45	6.203	28.865	28.864	4.980	27.642	4.980	28.985	28.800	4.963
	46	6.113	29.560	29.589	5.227	28.880	5.227	29.572	29.827	5.292
	47	4.425	30.218	30.147	5.343	29.386	5.343	30.230	30.389	5.410
	48	704	30.076	30.031	5.309	29.293	5.310	30.071	30.094	5.327
	49	11.578	29.043	29.002	5.029	27.861	5.066	29.057	29.247	5.093
	50	5.348	24.271	24.272	3.905	23.784	3.908	24.265	24.163	3.880
	51	5.466	23.002	22.956	3.608	22.548	3.610	22.947	23.057	3.630
	52	5.785	26.358	26.412	4.381	25.850	4.384	26.356	26.455	4.392
6	53	4.868	26.971	26.984	4.524	26.444	4.532	26.998	26.963	4.519
	54	4.295	25.408	25.414	4.162	24.959	4.167	25.337	25.290	4.133
	55	6.175	23.736	23.735	3.782	23.305	3.783	23.659	23.680	3.769
	56	5.642	17.864	18.013	2.635	17.865	2.654	17.906	18.010	2.634
	57	5.756	15.859	15.731	2.228	15.594	2.240	15.859	15.840	2.247
	58	4.486	16.226	16.216	2.315	16.212	2.353	16.242	16.234	2.318
	59	3.918	17.601	17.538	2.558	17.354	2.568	17.585	17.597	2.569
	60	7.058	17.603	17.555	2.541	17.456	2.571	17.622	17.615	2.552
	61	5.958	17.820	17.679	2.572	17.612	2.605	17.844	17.741	2.584

Tab. F.10: Krümmungsradius R0, berechnet mit elastischen und viskoelastischen Ansätzen, Modell Balken auf zwei Stützen (Strecke S1)

Feld	Remark Nr.	eingespannter Balken								
		$R0_{el}$	$R0_{KV}$	$R0_{PT\,(ges)}$	$R0_{PT\,(Asph)}$	$R0_{BM\,(ges)}$	$R0_{BM\,(Asph)}$	$R0_{KV(5)}$	$R0_{KV(5),F\,(ges)}$	$R0_{KV(5),F\,(Asph)}$
	1		44.336	44.277	6.918	44.288	7.101	44.495	44.591	6.985
	2		45.323	45.396	7.123	45.277	7.271	45.298	45.361	7.115
1	3	2.373	34.364	34.183	4.956	33.802	4.993	34.407	34.372	4.991
	4	2.073	28.964	29.017	4.057	29.090	4.167	29.129	29.174	4.083
	5	1.841	25.645	25.623	3.494	25.279	3.495	26.162	26.195	3.587
	6	1.948	28.037	28.047	3.882	27.441	3.882	28.696	28.684	3.989
	8	2.088	30.664	30.670	4.351	30.209	4.352	30.533	30.652	4.348
	9	1.567	27.173	27.185	3.751	26.892	3.753	27.159	27.238	3.760
	11	1.240	22.657	22.757	3.065	22.535	3.066	22.656	22.657	3.049
	12	1.781	22.725	22.788	3.059	22.577	3.061	22.776	22.762	3.055
2	13	8.800	80.846	80.831	17.547	78.457	17.588	80.846	80.890	17.571
	14	7.936	70.918	70.972	13.901	69.145	13.914	70.801	71.340	14.025
	15	6.905	68.340	68.433	12.997	64.907	12.924	68.287	68.423	12.994
	16	9.362	87.596	87.540	20.582	84.869	20.661	87.442	87.968	20.790
	17	12.996	84.585	84.570	19.128	81.964	19.169	84.162	84.595	19.139
	19	4.395	71.049	71.209	13.925	69.364	13.933	70.982	71.351	13.973
3	23	736	41.356	41.137	6.255	40.440	6.255	41.286	41.511	6.331
	24	2.209	44.997	45.112	7.058	43.539	7.058	45.023	44.929	7.019
	25	3.053	43.696	43.821	6.776	43.079	6.777	44.092	43.958	6.805
	26	1.517	41.313	41.370	6.287	40.491	6.287	41.209	41.367	6.286
	27	1.116	36.233	36.258	5.284	35.737	5.284	36.346	36.368	5.305
	28	1.911	39.974	39.921	6.013	38.988	6.013	39.890	40.005	6.030
	29	1.986	35.373	35.323	5.159	34.811	5.159	35.398	35.387	5.171
	30	2.544	31.774	31.952	4.560	31.608	4.579	31.899	31.965	4.563
	31	1.242	35.426	35.501	5.177	35.001	5.177	35.420	35.308	5.141
	32	1.725	37.706	37.651	5.568	37.094	5.568	37.531	37.356	5.512
4	33	3.406	67.749	67.818	12.684	66.070	12.684	67.627	67.643	12.630
	34	10.245	80.863	80.879	17.219	79.081	17.557	80.819	80.922	17.236
	35	13.143	73.892	73.967	14.734	71.883	14.734	73.657	73.774	14.667
	36	5.355	64.740	64.798	11.824	63.205	11.828	64.660	65.270	11.962
	37	10.741	58.090	58.355	10.097	57.019	10.117	58.423	58.802	10.214
	38	7.120	54.577	54.710	9.232	53.706	9.313	54.510	55.028	9.311
	39	2.389	51.903	52.016	8.549	51.007	8.567	52.429	52.735	8.720
	40	6.374	67.616	67.657	12.610	66.025	12.616	67.731	68.030	12.723
	42	10.342	55.170	55.285	9.352	54.105	9.355	55.531	55.539	9.415
5	43	8.757	56.104	56.221	9.510	55.084	9.515	56.470	56.479	9.575
	44	15.462	65.520	65.545	12.102	63.615	12.102	65.176	65.609	12.121
	45	12.531	58.311	58.310	10.060	55.840	10.060	58.553	58.180	10.027
	46	12.348	59.716	59.774	10.558	58.342	10.559	59.739	60.255	10.690
	47	8.938	61.045	60.900	10.793	59.363	10.794	61.069	61.389	10.928
	48	1.422	60.758	60.667	10.726	59.177	10.726	60.748	60.794	10.760
	49	23.389	58.670	58.589	10.159	56.284	10.234	58.699	59.082	10.289
	50	10.804	49.030	49.033	7.888	48.048	7.894	49.018	48.812	7.838
	51	11.043	46.467	46.374	7.288	45.550	7.293	46.356	46.578	7.332
	52	11.686	53.247	53.356	8.851	52.221	8.857	53.243	53.442	8.872
6	53	9.833	54.486	54.512	9.140	53.420	9.156	54.540	54.470	9.129
	54	8.676	51.328	51.340	8.408	50.421	8.417	51.183	51.090	8.349
	55	12.474	47.949	47.948	7.640	47.079	7.642	47.794	47.837	7.615
	56	11.399	36.087	36.388	5.322	36.089	5.362	36.173	36.382	5.321
	57	11.629	32.037	31.778	4.501	31.502	4.525	32.037	31.999	4.540
	58	9.063	32.778	32.758	4.676	32.751	4.752	32.811	32.795	4.682
	59	7.915	35.556	35.428	5.168	35.058	5.188	35.524	35.547	5.190
	60	14.258	35.560	35.463	5.133	35.264	5.194	35.599	35.584	5.155
	61	12.037	36.000	35.714	5.196	35.578	5.263	36.047	35.838	5.219

Tab. F.11: Krümmungsradius R0, berechnet mit elastischen und viskoelastischen Ansätzen, Modell beidseitig eingespannter Balken (Strecke S1)

Feld	Remark Nr.	Platte mit Topflast								
		$R0_{el}$	$R0_{KV}$	$R0_{PT\ (ges)}$	$R0_{PT\ (Asph)}$	$R0_{BM\ (ges)}$	$R0_{BM\ (Asph)}$	$R0_{KV(5)}$	$R0_{KV(5),F\ (ges)}$	$R0_{KV(5),F\ (Asph)}$
	1		863.158	862.024	134.681	862.234	138.244	866.260	868.125	135.984
	2		882.387	883.802	138.668	881.489	141.556	881.904	883.115	138.520
1	3	403.201	669.027	665.507	96.495	658.091	97.216	669.853	669.180	97.170
	4	352.246	563.895	564.922	78.975	566.352	81.129	567.101	567.978	79.497
	5	312.771	499.284	498.856	68.024	492.151	68.041	509.347	509.990	69.838
	6	330.885	545.837	546.043	75.585	534.242	75.586	558.670	558.438	77.668
	8	354.831	596.984	597.104	84.709	588.127	84.721	594.437	596.758	84.648
	9	266.278	529.018	529.262	73.027	523.555	73.062	528.761	530.296	73.199
	11	210.736	441.111	443.055	59.673	438.737	59.698	441.081	441.103	59.364
	12	302.531	442.429	443.661	59.561	439.551	59.589	443.426	443.147	59.480
2	13	1.495.134	1.573.961	1.573.687	341.620	1.527.465	342.409	1.573.978	1.574.834	342.092
	14	1.348.282	1.380.683	1.381.742	270.633	1.346.162	270.884	1.378.415	1.388.903	273.039
	15	1.173.185	1.330.493	1.332.297	253.031	1.263.654	251.605	1.329.454	1.332.115	252.973
	16	1.590.560	1.705.389	1.704.295	400.714	1.652.298	402.242	1.702.390	1.712.636	404.759
	17	2.207.968	1.646.766	1.646.474	372.399	1.595.727	373.202	1.638.519	1.646.956	372.614
	19	746.742	1.383.230	1.386.351	271.104	1.350.431	271.249	1.381.923	1.389.115	272.028
3	23	245.172	805.156	800.880	121.774	787.318	121.778	803.777	808.166	123.249
	24	375.344	876.034	878.274	137.413	847.651	137.413	876.550	874.703	136.651
	25	518.736	850.701	853.140	131.929	838.687	131.935	858.418	855.800	132.485
	26	257.760	804.306	805.428	122.400	788.301	122.401	802.283	805.368	122.388
	27	189.625	705.403	705.892	102.876	695.750	102.880	707.620	708.048	103.276
	28	324.733	778.250	777.209	117.074	759.045	117.074	776.611	778.840	117.398
	29	337.507	688.662	687.699	100.435	677.730	100.436	689.148	688.934	100.665
	30	262.375	618.602	622.069	88.785	615.360	89.143	621.031	622.312	88.828
	31	211.087	689.703	691.156	100.784	681.428	100.785	689.590	687.399	100.088
	32	292.999	734.093	733.016	108.404	722.178	108.404	730.683	727.277	107.311
4	33	578.697	1.318.985	1.320.332	246.937	1.286.297	246.940	1.316.617	1.316.919	245.897
	34	1.740.592	1.574.303	1.574.604	335.233	1.539.606	341.813	1.573.438	1.575.453	335.569
	35	2.233.040	1.438.586	1.440.051	286.847	1.399.462	286.857	1.434.007	1.436.296	285.549
	36	909.830	1.260.409	1.261.545	230.207	1.230.525	230.285	1.258.843	1.270.733	232.888
	37	1.824.887	1.130.933	1.136.096	196.573	1.110.093	196.972	1.137.422	1.144.807	198.858
	38	1.209.670	1.062.554	1.065.143	179.736	1.045.580	181.310	1.061.243	1.071.321	181.276
	39	405.968	1.010.478	1.012.691	166.448	993.039	166.784	1.020.722	1.026.694	169.769
	40	1.082.932	1.316.397	1.317.206	245.492	1.285.416	245.614	1.318.640	1.324.450	247.696
	42	1.757.066	1.074.094	1.076.337	182.070	1.053.360	182.132	1.081.119	1.081.278	183.307
5	43	1.487.860	1.092.273	1.094.545	185.151	1.072.418	185.243	1.099.404	1.099.566	186.408
	44	2.626.959	1.275.592	1.276.083	235.615	1.238.498	235.617	1.268.887	1.277.317	235.983
	45	2.129.031	1.135.245	1.135.213	195.861	1.087.141	195.861	1.139.946	1.132.701	195.209
	46	2.097.971	1.162.590	1.163.722	205.560	1.135.843	205.574	1.163.050	1.173.096	208.123
	47	1.518.608	1.188.461	1.185.651	210.134	1.155.728	210.143	1.188.930	1.195.170	212.755
	48	241.627	1.182.879	1.181.103	208.812	1.152.093	208.824	1.182.690	1.183.583	209.490
	49	3.973.883	1.142.232	1.140.649	197.785	1.095.772	199.242	1.142.800	1.150.260	200.318
	50	1.835.656	954.561	954.614	153.570	935.427	153.696	954.315	950.318	152.601
	51	1.876.210	904.662	902.842	141.895	886.798	141.977	902.487	906.817	142.753
	52	1.985.458	1.036.659	1.038.765	172.318	1.016.685	172.429	1.036.565	1.040.451	172.724
6	53	1.670.699	1.060.773	1.061.275	177.936	1.040.020	178.247	1.061.820	1.060.456	177.735
	54	1.473.985	999.288	999.535	163.687	981.627	163.868	996.472	994.656	162.547
	55	2.119.397	933.507	933.495	148.732	916.564	148.783	930.497	931.318	148.250
	56	1.936.630	702.573	708.426	103.616	702.608	104.388	704.250	708.317	103.595
	57	1.975.695	623.719	618.679	87.630	613.297	88.096	623.722	622.976	88.384
	58	1.539.820	638.140	637.752	91.032	637.625	92.524	638.793	638.476	91.160
	59	1.344.810	692.232	689.746	100.622	682.538	101.011	691.599	692.061	101.052
	60	2.422.361	692.317	690.427	99.928	686.553	101.113	693.064	692.779	100.358
	61	2.045.082	700.869	695.304	101.162	692.659	102.461	701.789	697.730	101.611

Tab. F.12: Krümmungsradius R0, berechnet mit elastischen und viskoelastischen Ansätzen, Modell kreissymetrische Platte mit Topflast (Strecke S1)

Feld	Remark Nr.	Platte mit Einzelkraft								
		$R0_{el}$	$R0_{KV}$	$R0_{PT\,(ges)}$	$R0_{PT\,(Asph)}$	$R0_{BM\,(ges)}$	$R0_{BM\,(Asph)}$	$R0_{KV(5)}$	$R0_{KV(5),F\,(ges)}$	$R0_{KV(5),F\,(Asph)}$
	1		8.724	8.713	1.361	8.715	1.397	8.756	8.774	1.374
	2		8.919	8.933	1.402	8.909	1.431	8.914	8.926	1.400
1	3	4.075	6.762	6.726	975	6.652	983	6.770	6.764	982
	4	3.560	5.699	5.710	798	5.724	820	5.732	5.741	804
	5	3.161	5.046	5.042	688	4.974	688	5.148	5.155	706
	6	3.344	5.517	5.519	764	5.400	764	5.647	5.644	785
	8	3.586	6.034	6.035	856	5.944	856	6.008	6.032	856
	9	2.691	5.347	5.349	738	5.292	738	5.344	5.360	740
	11	2.130	4.458	4.478	603	4.434	603	4.458	4.458	600
	12	3.058	4.472	4.484	602	4.443	602	4.482	4.479	601
2	13	15.112	15.909	15.906	3.453	15.439	3.461	15.909	15.917	3.458
	14	13.628	13.955	13.966	2.735	13.606	2.738	13.932	14.038	2.760
	15	11.858	13.448	13.466	2.557	12.772	2.543	13.437	13.464	2.557
	16	16.076	17.237	17.226	4.050	16.700	4.066	17.207	17.310	4.091
	17	22.317	16.644	16.641	3.764	16.129	3.772	16.561	16.646	3.766
	19	2.467	13.981	14.012	2.740	13.649	2.742	13.968	14.040	2.749
3	23	1.443	8.138	8.095	1.231	7.958	1.231	8.124	8.168	1.246
	24	3.794	8.854	8.877	1.389	8.567	1.389	8.860	8.841	1.381
	25	5.243	8.598	8.623	1.333	8.477	1.334	8.676	8.650	1.339
	26	2.605	8.129	8.141	1.237	7.968	1.237	8.109	8.140	1.237
	27	1.917	7.130	7.135	1.040	7.032	1.040	7.152	7.156	1.044
	28	3.282	7.866	7.855	1.183	7.672	1.183	7.849	7.872	1.187
	29	3.411	6.961	6.951	1.015	6.850	1.015	6.965	6.963	1.017
	30	2.652	6.252	6.287	897	6.220	901	6.277	6.290	898
	31	2.134	6.971	6.986	1.019	6.887	1.019	6.970	6.948	1.012
	32	2.961	7.420	7.409	1.096	7.299	1.096	7.385	7.351	1.085
4	33	5.849	13.331	13.345	2.496	13.001	2.496	13.307	13.311	2.485
	34	17.593	15.912	15.915	3.388	15.561	3.455	15.903	15.924	3.392
	35	22.570	14.540	14.555	2.899	14.145	2.899	14.494	14.517	2.886
	36	9.196	12.739	12.751	2.327	12.437	2.328	12.724	12.844	2.354
	37	18.445	11.431	11.483	1.987	11.220	1.991	11.496	11.571	2.010
	38	12.227	10.740	10.766	1.817	10.568	1.833	10.726	10.828	1.832
	39	4.103	10.213	10.236	1.682	10.037	1.686	10.317	10.377	1.716
	40	10.946	13.305	13.313	2.481	12.992	2.482	13.328	13.387	2.504
	42	17.759	10.856	10.879	1.840	10.647	1.841	10.927	10.929	1.853
5	43	15.038	11.040	11.063	1.871	10.839	1.872	11.112	11.114	1.884
	44	26.552	12.893	12.898	2.381	12.518	2.381	12.825	12.910	2.385
	45	21.519	11.474	11.474	1.980	10.988	1.980	11.522	11.449	1.973
	46	21.205	11.751	11.762	2.078	11.480	2.078	11.755	11.857	2.104
	47	15.349	12.012	11.984	2.124	11.681	2.124	12.017	12.080	2.150
	48	2.442	11.956	11.938	2.111	11.645	2.111	11.954	11.963	2.117
	49	40.165	11.545	11.529	1.999	11.075	2.014	11.551	11.626	2.025
	50	18.554	9.648	9.649	1.552	9.455	1.553	9.646	9.605	1.542
	51	18.963	9.144	9.125	1.434	8.963	1.435	9.122	9.165	1.443
	52	20.068	10.478	10.499	1.742	10.276	1.743	10.477	10.516	1.746
6	53	16.886	10.722	10.727	1.798	10.512	1.802	10.732	10.718	1.796
	54	14.898	10.100	10.103	1.654	9.922	1.656	10.072	10.053	1.643
	55	21.421	9.435	9.435	1.503	9.264	1.504	9.405	9.413	1.498
	56	19.574	7.101	7.160	1.047	7.101	1.055	7.118	7.159	1.047
	57	19.969	6.304	6.253	886	6.199	890	6.304	6.297	893
	58	15.563	6.450	6.446	920	6.445	935	6.456	6.453	921
	59	13.592	6.997	6.971	1.017	6.899	1.021	6.990	6.995	1.021
	60	24.484	6.997	6.978	1.010	6.939	1.022	7.005	7.002	1.014
	61	20.670	7.084	7.028	1.022	7.001	1.036	7.093	7.052	1.027

Tab. F.13: Krümmungsradius R0, berechnet mit elastischen und viskoelastischen Ansätzen, Modell kreissymetrische Platte mit Einzellast (Strecke S1)

Remark	Balken auf zwei Stützen								
Nr.	$R0_{el}$	$R0_{KV}$	$R0_{PT\,(ges)}$	$R0_{PT\,(Asph)}$	$R0_{BM\,(ges)}$	$R0_{BM\,(Asph)}$	$R0_{KV(5)}$	$R0_{KV(5),F\,(ges)}$	$R0_{KV(5),F\,(Asph)}$
2	3.668	8.067	8.061	1.025	7.965	1.025	8.028	7.995	1.016
3	6.104	11.875	11.652	1.548	11.554	1.548	11.778	11.451	1.517
4	6.318	12.051	11.754	1.561	11.643	1.561	11.864	11.667	1.548
5	6.020	11.879	11.557	1.531	11.461	1.531	11.760	11.518	1.525
6	4.304	10.223	9.984	1.299	9.912	1.299	10.049	9.861	1.281
7	5.126	11.448	11.252	1.489	11.155	1.489	11.476	11.283	1.494
8	2.404	9.119	9.022	1.164	8.957	1.164	9.057	8.901	1.146
9	2.268	8.195	8.115	1.037	8.055	1.037	8.191	8.113	1.037
11	4.278	10.682	10.379	1.356	10.305	1.356	10.537	10.256	1.337
12	2.656	7.439	7.487	946	7.392	946	7.428	7.421	937
13	2.934	9.808	9.652	1.251	9.638	1.262	9.806	9.759	1.267
14	2.234	8.364	8.367	1.069	8.266	1.069	8.326	8.406	1.075
15	4.182	10.671	10.582	1.388	10.490	1.388	10.601	10.473	1.372
16	6.022	12.830	12.667	1.693	12.507	1.693	12.674	12.640	1.689
17	4.540	13.476	12.867	1.727	12.531	1.692	12.754	12.628	1.690
18	4.550	11.366	11.173	1.474	11.064	1.474	11.256	11.174	1.474
19	930	6.524	6.460	810	6.420	810	6.549	6.451	809
20	4.754	11.604	11.513	1.518	11.394	1.518	11.533	11.422	1.504
21	4.920	12.345	12.174	1.630	12.058	1.630	12.282	12.083	1.615
22	3.490	11.825	11.651	1.547	11.551	1.547	11.840	11.749	1.562
23	4.554	11.650	11.672	1.551	11.454	1.551	11.586	11.649	1.547
24	3.174	11.611	11.399	1.514	11.306	1.514	11.500	11.312	1.501
25	3.460	11.487	11.292	1.498	11.198	1.498	11.383	11.211	1.486
26	1.308	12.598	12.740	1.729	12.491	1.729	12.571	12.644	1.713
28	2.902	12.851	12.751	1.711	12.638	1.711	12.807	12.812	1.720
29	3.528	11.147	10.935	1.435	10.847	1.435	10.884	10.796	1.415
30	3.326	11.081	10.829	1.427	10.747	1.427	10.764	10.647	1.399
31	5.104	10.284	10.227	1.335	10.122	1.335	10.342	10.305	1.346
32	3.823	10.212	10.028	1.308	9.951	1.308	10.182	10.093	1.318
33	2.125	7.975	7.846	999	7.798	999	7.974	7.889	1.005
34	2.356	7.875	7.801	992	7.750	992	7.875	7.827	996
35	1.656	6.725	6.685	839	6.647	839	6.729	6.639	832
36	1.125	5.667	5.614	697	5.585	697	5.736	5.699	709
37	1.788	7.101	6.996	880	6.955	880	7.079	7.006	882
38	978	5.370	5.352	662	5.322	662	5.348	5.282	652
39	992	5.291	5.263	651	5.284	657	5.291	5.246	648
40	1.817	7.357	7.272	920	7.226	920	7.377	7.293	923
41	1.695	7.515	7.402	936	7.358	936	7.502	7.436	940
42	1.572	7.371	7.259	918	7.213	918	7.359	7.291	922
43	2.946	8.917	8.796	1.130	8.733	1.130	8.928	8.818	1.133

Tab. F.14: Krümmungsradius R0, berechnet mit elastischen und viskoelastischen Ansätzen, Modell Balken auf zwei Stützen (Strecke S2)

Remark Nr.	eingespannter Balken								
	$R0_{el}$	$R0_{KV}$	$R0_{PT\ (ges)}$	$R0_{PT\ (Asph)}$	$R0_{BM\ (ges)}$	$R0_{BM\ (Asph)}$	$R0_{KV(5)}$	$R0_{KV(5),F\ (ges)}$	$R0_{KV(5),F\ (Asph)}$
2	7.409	16.296	16.284	2.070	16.091	2.070	16.218	16.151	2.052
3	12.332	23.989	23.539	3.127	23.341	3.127	23.793	23.133	3.065
4	12.762	24.344	23.745	3.153	23.520	3.153	23.967	23.568	3.126
5	12.160	23.997	23.347	3.094	23.154	3.094	23.757	23.268	3.082
6	8.694	20.652	20.170	2.624	20.023	2.624	20.301	19.920	2.587
7	10.353	23.126	22.730	3.008	22.534	3.008	23.183	22.793	3.018
8	4.858	18.422	18.226	2.351	18.095	2.351	18.297	17.981	2.315
9	4.583	16.554	16.393	2.095	16.272	2.095	16.546	16.390	2.094
11	8.644	21.579	20.967	2.739	20.818	2.739	21.286	20.719	2.702
12	5.363	15.028	15.125	1.911	14.933	1.911	15.006	14.991	1.892
13	5.927	19.813	19.498	2.528	19.471	2.550	19.810	19.714	2.559
14	4.511	16.897	16.903	2.160	16.699	2.160	16.820	16.982	2.172
15	8.448	21.557	21.378	2.804	21.190	2.804	21.416	21.157	2.771
16	12.164	25.918	25.589	3.420	25.265	3.420	25.604	25.534	3.411
17	9.171	27.224	25.993	3.490	25.313	3.417	25.765	25.510	3.414
18	9.189	22.962	22.571	2.977	22.351	2.977	22.740	22.572	2.978
19	1.879	13.178	13.050	1.636	12.970	1.636	13.229	13.031	1.633
20	9.605	23.441	23.258	3.067	23.016	3.067	23.298	23.075	3.039
21	9.940	24.939	24.593	3.292	24.359	3.292	24.810	24.409	3.263
22	7.050	23.887	23.536	3.124	23.334	3.124	23.919	23.735	3.155
23	9.066	23.535	23.580	3.133	23.139	3.133	23.404	23.532	3.126
24	6.414	23.456	23.028	3.059	22.840	3.059	23.231	22.852	3.032
25	6.989	23.206	22.811	3.026	22.621	3.026	22.995	22.648	3.001
26	2.642	25.450	25.736	3.492	25.233	3.492	25.396	25.542	3.461
28	5.864	25.961	25.759	3.456	25.530	3.456	25.872	25.881	3.475
29	7.129	22.519	22.089	2.899	21.913	2.899	21.987	21.810	2.858
30	6.719	22.385	21.876	2.882	21.711	2.882	21.745	21.508	2.827
31	16.370	20.776	20.661	2.697	20.449	2.697	20.892	20.817	2.720
32	7.722	20.630	20.258	2.642	20.103	2.642	20.569	20.390	2.662
33	4.293	16.111	15.849	2.018	15.752	2.018	16.109	15.936	2.030
34	4.760	15.909	15.760	2.004	15.656	2.004	15.908	15.812	2.012
35	3.345	13.586	13.504	1.694	13.428	1.694	13.594	13.412	1.681
36	2.273	11.448	11.342	1.409	11.282	1.409	11.588	11.513	1.432
37	3.611	14.344	14.132	1.778	14.051	1.778	14.301	14.154	1.781
38	1.976	10.847	10.811	1.337	10.752	1.337	10.804	10.671	1.318
39	2.005	10.688	10.632	1.314	10.674	1.328	10.688	10.597	1.310
40	3.670	14.862	14.690	1.858	14.598	1.858	14.902	14.733	1.864
41	3.423	15.181	14.954	1.890	14.864	1.890	15.156	15.021	1.899
42	3.176	14.890	14.663	1.854	14.572	1.854	14.865	14.729	1.863
43	5.949	18.014	17.769	2.282	17.642	2.282	18.035	17.813	2.289

Tab. F.15: Krümmungsradius R0, berechnet mit elastischen und viskoelastischen Ansätzen, Modell beidseitig eingespannter Balken (Strecke S2)

Remark Nr.	Platte mit Topflast								
	$R0_{el}$	$R0_{KV}$	$R0_{PT\ (ges)}$	$R0_{PT\ (Asph)}$	$R0_{BM\ (ges)}$	$R0_{BM\ (Asph)}$	$R0_{KV(5)}$	$R0_{KV(5),F\ (ges)}$	$R0_{KV(5),F\ (Asph)}$
2	1.344.076	338.739	338.485	43.035	334.468	43.035	337.121	335.728	42.646
3	2.237.141	498.633	489.280	65.001	485.168	65.001	494.562	480.851	63.706
4	2.315.094	506.016	493.574	65.547	488.881	65.547	498.189	489.899	64.982
5	2.205.843	498.816	485.288	64.304	481.275	64.304	493.825	483.662	64.055
6	1.577.186	429.272	419.256	54.537	416.200	54.537	421.976	414.068	53.772
7	1.878.139	480.693	472.474	62.526	468.391	62.526	481.897	473.783	62.726
8	881.298	382.917	378.851	48.864	376.123	48.864	380.321	373.758	48.126
9	831.395	344.099	340.747	43.545	338.243	43.545	343.937	340.677	43.535
11	1.567.983	448.537	435.831	56.924	432.734	56.924	442.457	430.663	56.156
12	972.980	312.370	314.390	39.725	310.392	39.725	311.919	311.610	39.338
13	1.075.178	411.834	405.286	52.538	404.718	52.998	411.766	409.784	53.198
14	818.337	351.216	351.357	44.905	347.109	44.905	349.618	352.995	45.139
15	1.532.657	448.090	444.364	58.285	440.467	58.285	445.158	439.764	57.595
16	2.206.772	538.728	531.906	71.086	525.167	71.086	532.206	530.746	70.905
17	1.663.829	565.879	540.288	72.537	526.170	71.035	535.557	530.262	70.965
18	1.667.141	477.288	469.159	61.888	464.583	61.888	472.668	469.190	61.893
19	340.688	273.929	271.255	34.005	269.594	34.005	274.978	270.863	33.951
20	1.742.280	487.248	483.437	63.743	478.425	63.743	484.268	479.639	63.167
21	1.803.259	518.389	511.191	68.431	506.331	68.431	515.716	507.363	67.833
22	1.278.939	496.525	489.226	64.946	485.023	64.946	497.181	493.355	65.582
23	1.644.511	489.213	490.132	65.127	480.975	65.127	486.490	489.141	64.974
24	1.163.383	487.571	478.670	63.576	474.760	63.576	482.882	475.013	63.014
25	1.267.897	482.357	474.144	62.897	470.196	62.897	477.981	470.772	62.379
26	479.246	529.018	534.955	72.584	524.491	72.584	527.883	530.928	71.938
28	1.063.641	539.622	535.437	71.837	530.663	71.837	537.781	537.967	72.235
29	1.293.078	468.088	459.150	60.267	455.486	60.267	457.025	453.349	59.397
30	1.218.957	465.289	454.712	59.907	451.284	59.907	451.988	447.079	58.753
31	1.870.349	431.851	429.457	56.054	425.047	56.054	434.273	432.698	56.536
32	1.400.896	428.825	421.083	54.920	417.870	54.920	427.543	423.826	55.327
33	778.878	334.878	329.441	41.941	327.424	41.941	334.844	331.250	42.197
34	863.429	330.691	327.584	41.664	325.435	41.664	330.659	328.671	41.818
35	606.819	282.392	280.697	35.214	279.126	35.214	282.563	278.777	34.951
36	412.259	237.965	235.755	29.281	234.514	29.281	240.872	239.304	29.760
37	655.104	298.163	293.759	36.965	292.063	36.965	297.271	294.200	37.026
38	358.452	225.476	224.716	27.782	223.490	27.782	224.566	221.808	27.394
39	363.668	222.169	220.989	27.316	221.879	27.595	222.157	220.268	27.220
40	665.864	308.926	305.344	38.618	303.443	38.618	309.752	306.249	38.744
41	620.989	315.559	310.833	39.287	308.957	39.287	315.034	312.227	39.481
42	576.188	309.512	304.791	38.534	302.900	38.534	308.997	306.158	38.725
43	1.079.250	374.435	369.349	47.442	366.711	47.442	374.885	370.255	47.573

Tab. F.16: Krümmungsradius R0, berechnet mit elastischen und viskoelastischen Ansätzen, Modell kreissymetrische Platte mit Topflast (Strecke S2)

Remark Nr.	Platte mit Einzelkraft								
	$R0_{el}$	$R0_{KV}$	$R0_{PT\ (ges)}$	$R0_{PT\ (Asph)}$	$R0_{BM\ (ges)}$	$R0_{BM\ (Asph)}$	$R0_{KV(5)}$	$R0_{KV(5),F\ (ges)}$	$R0_{KV(5),F\ (Asph)}$
2	10.356	2.610	2.608	332	2.577	332	2.597	2.587	329
3	17.237	3.842	3.770	501	3.738	501	3.810	3.705	491
4	17.837	3.899	3.803	505	3.767	505	3.838	3.775	501
5	16.995	3.843	3.739	495	3.708	495	3.805	3.726	494
6	12.152	3.307	3.230	420	3.207	420	3.251	3.190	414
7	14.471	3.704	3.640	482	3.609	482	3.713	3.650	483
8	6.790	2.950	2.919	376	2.898	376	2.930	2.880	371
9	6.406	2.651	2.625	336	2.606	336	2.650	2.625	335
11	12.081	3.456	3.358	439	3.334	439	3.409	3.318	433
12	7.497	2.407	2.422	306	2.391	306	2.403	2.401	303
13	8.284	3.173	3.123	405	3.118	408	3.173	3.157	410
14	6.305	2.706	2.707	346	2.674	346	2.694	2.720	348
15	11.809	3.452	3.424	449	3.394	449	3.430	3.388	444
16	17.003	4.151	4.098	548	4.046	548	4.101	4.089	546
17	12.819	4.360	4.163	559	4.054	547	4.126	4.086	547
18	12.845	3.677	3.615	477	3.579	477	3.642	3.615	477
19	2.625	2.111	2.090	262	2.077	262	2.119	2.087	262
20	13.424	3.754	3.725	491	3.686	491	3.731	3.695	487
21	13.894	3.994	3.939	527	3.901	527	3.973	3.909	523
22	9.854	3.826	3.769	500	3.737	500	3.831	3.801	505
23	12.671	3.769	3.776	502	3.706	502	3.748	3.769	501
24	8.964	3.757	3.688	490	3.658	490	3.720	3.660	486
25	9.769	3.716	3.653	485	3.623	485	3.683	3.627	481
26	3.692	4.076	4.122	559	4.041	559	4.067	4.091	554
28	8.195	4.158	4.125	553	4.089	553	4.143	4.145	557
29	9.963	3.607	3.538	464	3.509	464	3.521	3.493	458
30	9.392	3.585	3.503	462	3.477	462	3.482	3.445	453
31	14.411	3.327	3.309	432	3.275	432	3.346	3.334	436
32	10.794	3.304	3.244	423	3.220	423	3.294	3.265	426
33	6.001	2.580	2.538	323	2.523	323	2.580	2.552	325
34	6.653	2.548	2.524	321	2.507	321	2.548	2.532	322
35	4.675	2.176	2.163	271	2.151	271	2.177	2.148	269
36	3.176	1.833	1.816	226	1.807	226	1.856	1.844	229
37	5.047	2.297	2.263	285	2.250	285	2.290	2.267	285
38	2.762	1.737	1.731	214	1.722	214	1.730	1.709	211
39	2.802	1.712	1.703	210	1.710	213	1.712	1.697	210
40	5.130	2.380	2.353	298	2.338	298	2.387	2.360	299
41	4.785	2.431	2.395	303	2.380	303	2.427	2.406	304
42	4.439	2.385	2.348	297	2.334	297	2.381	2.359	298
43	8.315	2.885	2.846	366	2.825	366	2.888	2.853	367

Tab. F.17: Krümmungsradius R0, berechnet mit elastischen und viskoelastischen Ansätzen, Modell kreissymetrische Platte mit Einzellast (Strecke S2)

Messtermin	Remark Nr.	Balken auf zwei Stützen								
		$R0_{el}$	$R0_{KV}$	$R0_{PT\ (ges)}$	$R0_{PT\ (Asph)}$	$R0_{BM\ (ges)}$	$R0_{BM\ (Asph)}$	$R0_{KV(5)}$	$R0_{KV(5),F\ (ges)}$	$R0_{KV(5),F\ (Asph)}$
1	2	1.591	779	779	18	766	18	777	774	18
	3	2.836	842	842	19	830	19	838	838	19
	4	224	634	630	14	625	14	653	653	15
	5	215	589	589	13	564	13	591	580	13
	6	210	599	596	14	585	13	604	594	14
	7	206	594	591	13	581	13	596	592	13
	8	260	630	631	14	600	14	619	613	14
	9	1.045	1.064	1.061	24	1.041	24	1.044	1.046	24
	10	1.566	970	968	22	926	21	957	958	22
	11	1.685	842	842	19	815	19	837	837	19
	12	274	700	698	16	676	15	705	708	16
	13	246	564	562	13	559	13	571	567	13
	14	92	435	432	10	430	10	433	430	10
	15	120	495	494	11	489	11	492	491	11
	16	218	659	659	15	661	15	660	656	15
2	1	1.500	684	682	16	673	15	679	678	15
	2	2.165	795	792	18	786	18	788	789	18
	3	3.269	833	828	19	811	19	830	830	19
	4	3.015	768	768	18	765	18	772	776	18
	5	2.708	693	691	16	691	16	690	689	16
	6	2.170	648	643	15	642	15	646	642	15
	7	2.748	701	705	16	706	16	704	703	16
	8	3.874	792	797	18	791	18	798	791	18
	9	1.225	1.020	1.017	23	988	23	1.018	1.008	23
	10	2.759	980	988	23	974	22	995	996	23
	11	2.192	862	861	20	854	20	876	865	20
	12	3.217	725	723	17	724	17	734	729	17
	13	2.706	568	572	13	561	13	569	572	13
	14	1.872	406	404	9	399	9	406	406	9
	15	1.233	510	505	11	506	12	513	506	12
	16	3.410	755	751	17	751	17	752	752	17
3	1	1.071	648	650	15	648	15	647	646	15
	2	2.057	750	752	17	750	17	749	756	17
	3	286	768	764	17	768	18	761	767	17
	4	196	658	664	15	662	15	662	665	15
	5	195	651	648	15	646	15	654	648	15
	6	188	620	619	14	617	14	623	624	14
	7	196	644	643	15	641	15	648	643	15
	8	247	711	703	16	719	16	713	715	16
	9	1.079	952	958	22	959	22	953	954	22
	10	2.113	938	939	21	936	21	940	943	22
	11	272	821	828	19	826	19	831	835	19
	12	265	742	739	17	736	17	743	744	17
	13	199	567	564	13	563	13	567	568	13
	14	85	432	436	10	437	11	444	438	10
	15	84	512	506	12	508	12	505	509	12
	16	219	721	726	17	729	17	725	723	17
4	1	1.463	844	838	19	841	19	895	894	20
	2	4.038	1.068	1.059	24	1.056	24	1.118	1.122	26
	3	8.288	1.209	1.208	28	1.204	28	1.288	1.280	30
	4	393	924	924	21	924	21	974	973	22
	5	283	774	774	18	771	18	816	812	19
	6	268	759	756	17	754	17	816	812	19
	7	263	769	766	17	764	17	794	795	18
	8	318	822	822	19	820	19	861	862	20
	9	4.672	1.272	1.273	29	1.269	29	1.332	1.330	31
	9	2.693	1.266	1.267	29	1.262	29	1.345	1.340	31
	10	2.074	1.038	1.039	24	1.036	24	1.053	1.049	24
	11	3.526	996	999	23	996	23	1.014	1.011	23
	12	349	864	863	20	860	20	874	875	20
	13	320	697	698	16	696	16	709	702	16
	14	104	456	457	11	454	11	489	488	11
	15	146	572	568	13	567	13	565	566	13
	16	249	772	775	18	773	18	773	772	18

Tab. F.18: Krümmungsradius R0, berechnet mit elastischen und viskoelastischen Ansätzen, Modell Balken auf zwei Stützen (Strecke S3, Messtermin 1 bis 4)

Messtermin	Remark Nr.	Balken auf zwei Stützen								
		$R0_{el}$	$R0_{KV}$	$R0_{PT (ges)}$	$R0_{PT (Asph)}$	$R0_{BM (ges)}$	$R0_{BM (Asph)}$	$R0_{KV(5)}$	$R0_{KV(5),F (ges)}$	$R0_{KV(5),F (Asph)}$
5	1	2.064	1.017	1.005	23	999	23	1.015	1.015	23
	2	5.901	1.291	1.284	30	1.313	30	1.290	1.292	30
	3		1.760	1.766	41	1.766	42	1.765	1.758	41
	4	578	1.182	1.169	27	1.160	27	1.180	1.182	27
	5	410	948	947	22	956	22	948	949	22
	6	462	1.014	1.003	23	1.006	23	1.015	1.011	23
	7	4.773	1.012	1.019	23	997	23	1.012	1.010	23
	8	654	1.113	1.112	26	1.105	26	1.116	1.119	26
	9	6.874	1.653	1.648	38	1.592	37	1.652	1.650	38
	10	5.652	1.452	1.458	34	1.446	34	1.448	1.450	34
	11	5.817	1.299	1.292	30	1.293	30	1.295	1.295	30
	12	7.557	1.121	1.123	26	1.119	26	1.134	1.132	26
	13	492	887	884	20	881	20	887	884	20
	14	144	633	627	14	628	14	930	621	14
	15	1.747	714	709	16	707	16	912	716	16
	16	426	999	1.010	23	1.006	23	906	1.000	23
6	2	5.191	1.279	1.281	29	1.354	31	1.282	1.282	30
	3		1.631	1.626	38	1.668	39	1.637	1.634	38
	4	539	1.225	1.216	28	1.291	30	1.223	1.220	28
	5	361	955	948	22	964	22	957	958	22
	6	430	942	937	21	952	22	944	945	22
	7	424	994	992	23	1.008	23	995	993	23
	8	645	1.181	1.175	27	1.211	28	1.183	1.176	27
	9	5.742	1.672	1.675	39	1.716	40	1.674	1.674	39
	10	7.288	1.638	1.626	38	1.668	39	1.642	1.637	38
	11	4.526	1.250	1.238	28	1.289	30	1.251	1.247	29
	12	645	1.212	1.207	28	1.250	29	1.213	1.210	28
	13	432	842	842	19	863	20	841	841	19
	14	167	647	647	15	655	15	646	649	15
7	2	1.796	758	766	17	764	17	763	766	17
	3	4.675	842	839	19	839	19	837	845	19
	4	3.323	703	701	16	702	16	700	701	16
	5	2.795	663	655	15	656	15	661	652	15
	6	2.539	590	584	13	582	13	588	581	13
	7	2.709	627	628	14	629	14	627	628	14
	8	3.704	717	715	16	713	16	722	716	16
	9	993	936	943	22	940	22	899	905	21
	10	2.011	928	930	21	927	21	925	929	21
	11	2.051	820	821	19	822	19	821	823	19
	12	4.126	747	744	17	723	17	752	754	17
	13	3.082	585	581	13	573	13	577	580	13
	14	1.242	416	414	10	405	10	415	417	10
	15	1.678	489	484	11	491	11	487	490	11
	16	2.983	645	641	15	643	15	636	641	15

Tab. F.19: Krümmungsradius R0, berechnet mit elastischen und viskoelastischen Ansätzen, Modell Balken auf zwei Stützen (Strecke S3, Messtermin 5 bis 7)

Messtermin	Remark Nr.	eingespannter Balken [m]								
		$R0_{el}$	$R0_{KV}$	$R0_{PT\,(ges)}$	$R0_{PT\,(Asph)}$	$R0_{BM\,(ges)}$	$R0_{BM\,(Asph)}$	$R0_{KV(5)}$	$R0_{KV(5),F\,(ges)}$	$R0_{KV(5),F\,(Asph)}$
1	2	3.213	1.573	1.574	36	1.547	35	1.570	1.563	36
	3	5.730	1.700	1.702	39	1.677	38	1.693	1.693	39
	4	452	1.281	1.273	29	1.263	29	1.318	1.320	30
	5	434	1.190	1.190	27	1.140	26	1.194	1.171	27
	6	423	1.210	1.205	27	1.182	27	1.219	1.200	27
	7	415	1.199	1.193	27	1.175	27	1.204	1.195	27
	8	526	1.273	1.275	29	1.213	28	1.251	1.238	28
	9	2.112	2.150	2.143	49	2.104	49	2.109	2.114	49
	10	3.163	1.960	1.956	45	1.871	43	1.933	1.935	44
	11	3.404	1.700	1.701	39	1.646	38	1.690	1.691	39
	12	554	1.414	1.410	32	1.365	31	1.424	1.430	33
	13	497	1.140	1.135	26	1.128	26	1.154	1.144	26
	14	187	878	873	20	870	20	875	869	20
	15	242	1.001	998	23	988	23	994	991	23
	16	441	1.331	1.332	30	1.334	30	1.333	1.325	30
2	1	3.030	1.382	1.377	31	1.359	31	1.371	1.369	31
	2	4.374	1.606	1.600	37	1.587	36	1.591	1.593	36
	3	6.604	1.683	1.672	38	1.638	38	1.676	1.677	38
	4	6.092	1.552	1.551	36	1.546	36	1.560	1.567	36
	5	5.470	1.401	1.396	32	1.395	32	1.395	1.392	32
	6	4.383	1.310	1.298	30	1.297	30	1.306	1.297	30
	7	5.551	1.416	1.425	33	1.426	33	1.422	1.420	32
	8	7.825	1.600	1.610	37	1.597	37	1.613	1.597	37
	9	2.474	2.060	2.055	47	1.997	46	2.056	2.035	47
	10	5.573	1.980	1.996	46	1.968	45	2.011	2.013	46
	11	4.427	1.740	1.739	40	1.725	40	1.770	1.748	40
	12	6.499	1.466	1.460	33	1.463	34	1.483	1.473	34
	13	5.467	1.147	1.156	26	1.133	26	1.149	1.155	26
	14	3.783	821	816	19	807	19	821	820	19
	15	2.490	1.030	1.019	23	1.021	23	1.037	1.023	23
	16	6.889	1.524	1.516	35	1.517	35	1.518	1.518	35
3	1	2.164	1.308	1.313	30	1.310	30	1.307	1.306	30
	2	4.155	1.516	1.519	35	1.515	35	1.513	1.527	35
	3	578	1.551	1.544	35	1.551	36	1.538	1.549	35
	4	396	1.328	1.341	31	1.337	31	1.337	1.344	31
	5	393	1.314	1.309	30	1.305	30	1.322	1.310	30
	6	380	1.253	1.250	29	1.246	29	1.259	1.260	29
	7	395	1.302	1.298	30	1.295	30	1.309	1.299	30
	8	499	1.436	1.420	32	1.452	33	1.441	1.445	33
	9	2.179	1.924	1.936	44	1.937	44	1.926	1.927	44
	10	4.268	1.895	1.896	43	1.890	43	1.900	1.906	44
	11	550	1.659	1.673	38	1.668	38	1.678	1.687	38
	12	535	1.498	1.492	34	1.487	34	1.502	1.503	34
	13	402	1.145	1.140	26	1.136	26	1.144	1.148	26
	14	172	873	881	21	883	21	898	885	21
	15	170	1.033	1.023	23	1.026	23	1.021	1.029	23
	16	442	1.456	1.466	34	1.473	34	1.464	1.460	33
4	1	2.956	1.706	1.692	39	1.700	39	1.808	1.806	41
	2	8.158	2.157	2.140	49	2.133	49	2.259	2.268	52
	3		2.443	2.441	56	2.433	56	2.602	2.586	60
	4	794	1.866	1.866	43	1.866	43	1.969	1.965	45
	5	572	1.563	1.563	36	1.558	36	1.649	1.640	37
	6	540	1.533	1.528	35	1.523	35	1.649	1.640	37
	7	531	1.554	1.548	35	1.544	35	1.604	1.607	37
	8	643	1.660	1.661	38	1.656	38	1.740	1.741	40
	9	9.439	2.569	2.572	59	2.563	59	2.690	2.688	62
	9	5.441	2.557	2.560	59	2.549	59	2.717	2.707	62
	10	4.189	2.096	2.100	48	2.093	48	2.128	2.120	49
	11	7.123	2.012	2.019	46	2.013	46	2.049	2.042	47
	12	705	1.745	1.743	40	1.738	40	1.766	1.767	40
	13	647	1.409	1.410	32	1.406	32	1.431	1.419	32
	14	210	922	923	21	916	21	988	987	23
	15	294	1.155	1.148	26	1.145	26	1.142	1.144	26
	16	503	1.560	1.566	36	1.562	36	1.561	1.559	36

Tab. F.20: Krümmungsradius R0, berechnet mit elastischen und viskoelastischen Ansätzen, Modell beidseitig eingespannter Balken (Strecke S3, Messtermin 1 bis 4)

Mess-termin	Remark Nr.	eingespannter Balken [m]								
		$R0_{el}$	$R0_{KV}$	$R0_{PT\ (ges)}$	$R0_{PT\ (Asph)}$	$R0_{BM\ (ges)}$	$R0_{BM\ (Asph)}$	$R0_{KV(5)}$	$R0_{KV(5),F\ (ges)}$	$R0_{KV(5),F\ (Asph)}$
5	1	4.170	2.055	2.031	47	2.018	46	2.050	2.050	47
	2	11.920	2.609	2.594	60	2.652	61	2.605	2.609	60
	3		3.555	3.568	84	3.568	84	3.565	3.551	83
	4	1.168	2.388	2.362	54	2.343	54	2.384	2.388	55
	5	829	1.915	1.913	44	1.932	44	1.915	1.916	44
	6	934	2.048	2.026	46	2.032	47	2.051	2.043	47
	7	9.641	2.045	2.059	47	2.014	46	2.045	2.040	47
	8	1.322	2.248	2.247	52	2.232	52	2.255	2.261	52
	9	13.886	3.339	3.330	78	3.217	75	3.337	3.332	78
	10	11.417	2.933	2.945	68	2.920	68	2.925	2.929	68
	11	11.751	2.624	2.610	60	2.611	61	2.616	2.616	60
	12	15.266	2.264	2.269	52	2.261	52	2.291	2.286	53
	13	993	1.791	1.786	41	1.781	41	1.792	1.786	41
	14	291	1.279	1.267	29	1.269	29	1.879	1.254	29
	15	3.530	1.443	1.432	33	1.428	33	1.843	1.447	33
	16	860	2.019	2.039	47	2.032	47	1.830	2.021	46
6	2	10.487	2.585	2.588	60	2.735	63	2.590	2.590	60
	3	31.915	3.294	3.285	76	3.370	79	3.307	3.300	77
	4	1.089	2.476	2.457	57	2.608	60	2.472	2.464	57
	5	728	1.929	1.916	44	1.948	45	1.933	1.936	44
	6	869	1.903	1.892	43	1.924	44	1.907	1.909	44
	7	856	2.008	2.005	46	2.037	47	2.010	2.006	46
	8	1.302	2.386	2.374	55	2.446	57	2.390	2.376	55
	9	11.600	3.378	3.383	79	3.466	81	3.381	3.382	79
	10	14.722	3.309	3.285	76	3.370	79	3.317	3.308	77
	11	9.144	2.524	2.501	58	2.605	60	2.527	2.520	58
	12	1.302	2.449	2.437	56	2.525	58	2.450	2.444	56
	13	873	1.700	1.702	39	1.743	40	1.698	1.699	39
	14	338	1.308	1.308	30	1.323	31	1.306	1.310	30
7	2	3.629	1.530	1.547	35	1.543	35	1.541	1.547	35
	3	9.443	1.701	1.695	39	1.696	39	1.691	1.707	39
	4	6.714	1.420	1.416	32	1.418	32	1.415	1.415	32
	5	5.646	1.338	1.323	30	1.325	30	1.336	1.317	30
	6	5.130	1.192	1.180	27	1.176	27	1.188	1.173	27
	7	5.473	1.267	1.268	29	1.270	29	1.267	1.268	29
	8	7.483	1.449	1.444	33	1.440	33	1.458	1.446	33
	9	2.006	1.890	1.905	43	1.899	43	1.816	1.828	42
	10	4.062	1.875	1.878	43	1.873	43	1.869	1.876	43
	11	4.143	1.657	1.658	38	1.660	38	1.658	1.662	38
	12	8.335	1.510	1.504	34	1.461	33	1.519	1.523	35
	13	6.225	1.181	1.175	27	1.158	27	1.166	1.171	27
	14	2.510	841	837	20	818	20	838	843	20
	15	3.390	987	977	22	991	23	984	989	23
	16	6.027	1.304	1.294	29	1.299	30	1.286	1.296	30

Tab. F.21: Krümmungsradius R0, berechnet mit elastischen und viskoelastischen Ansätzen, Modell beidseitig eingespannter Balken (Strecke S3, Messtermin 5 bis 7)

Mess-termin	Remark Nr.	Platte mit Topflast								
		$R0_{el}$	$R0_{KV}$	$R0_{PT\,(ges)}$	$R0_{PT\,(Asph)}$	$R0_{BM\,(ges)}$	$R0_{BM\,(Asph)}$	$R0_{KV(5)}$	$R0_{KV(5),F\,(ges)}$	$R0_{KV(5),F\,(Asph)}$
1	2	598.394	33.564	33.589	766	33.021	754	33.503	33.349	760
	3	1.067.004	36.278	36.309	830	35.783	820	36.136	36.118	825
	4	393.095	27.326	27.156	618	26.947	615	28.136	28.162	641
	5	375.056	25.389	25.386	577	24.320	555	25.483	24.982	567
	6	370.240	25.829	25.709	585	25.222	575	26.023	25.602	582
	7	358.029	25.594	25.463	579	25.066	572	25.685	25.502	580
	8	454.300	27.162	27.203	619	25.882	591	26.685	26.416	600
	9	393.249	45.877	45.732	1.051	44.896	1.035	45.013	45.102	1.035
	10	589.034	41.823	41.749	957	39.931	917	41.255	41.288	946
	11	633.915	36.282	36.299	830	35.117	805	36.073	36.077	825
	12	481.557	30.177	30.094	685	29.133	665	30.389	30.510	695
	13	439.882	24.319	24.229	552	24.078	550	24.626	24.422	556
	14	169.921	18.743	18.632	430	18.558	430	18.674	18.546	428
	15	217.507	21.357	21.307	484	21.090	480	21.208	21.145	480
	16	387.354	28.405	28.423	647	28.475	651	28.454	28.284	644
2	1	508.623	26.587	26.485	604	26.145	598	26.374	26.342	601
	2	734.231	30.899	30.779	704	30.525	700	30.609	30.642	701
	3	1.108.469	32.370	32.162	736	31.506	723	32.242	32.251	738
	4	1.022.549	29.849	29.830	683	29.740	683	30.001	30.145	691
	5	918.267	26.947	26.848	614	26.838	616	26.827	26.774	612
	6	735.725	25.192	24.976	570	24.956	571	25.113	24.949	569
	7	931.793	27.245	27.408	627	27.429	629	27.352	27.305	624
	8	1.313.560	30.774	30.959	709	30.721	705	31.020	30.723	703
	9	415.255	39.624	39.535	909	38.403	885	39.546	39.149	900
	10	935.515	38.084	38.393	882	37.858	872	38.679	38.719	890
	11	743.181	33.477	33.442	766	33.185	762	34.050	33.615	770
	12	1.090.875	28.190	28.090	641	28.134	644	28.532	28.329	647
	13	917.696	22.065	22.245	507	21.785	498	22.106	22.224	506
	14	634.929	15.784	15.704	363	15.516	361	15.795	15.777	365
	15	418.018	19.812	19.610	447	19.645	449	19.952	19.670	448
	16	1.156.369	29.319	29.167	667	29.185	670	29.205	29.206	668
3	1	403.079	27.921	28.027	637	27.950	637	27.887	27.867	633
	2	773.683	32.350	32.420	741	32.320	741	32.276	32.589	745
	3	561.652	33.093	32.938	751	33.107	758	32.816	33.048	754
	4	384.875	28.345	28.621	654	28.540	654	28.520	28.671	655
	5	382.455	28.045	27.928	638	27.850	638	28.212	27.954	639
	6	368.963	26.740	26.683	609	26.596	609	26.860	26.891	614
	7	384.037	27.778	27.708	632	27.631	632	27.928	27.722	632
	8	484.862	30.652	30.292	692	30.979	710	30.741	30.834	705
	9	405.763	41.058	41.309	944	41.336	947	41.101	41.125	939
	10	794.791	40.443	40.461	925	40.334	925	40.539	40.663	930
	11	534.693	35.396	35.704	814	35.598	814	35.812	35.997	821
	12	520.038	31.971	31.838	728	31.737	728	32.046	32.073	733
	13	390.579	24.426	24.323	556	24.249	556	24.421	24.492	560
	14	166.984	18.624	18.799	449	18.832	453	19.154	18.893	452
	15	226.706	22.051	21.822	497	21.894	501	21.778	21.954	501
	16	429.761	31.078	31.288	715	31.431	721	31.251	31.152	712
4	1	545.478	36.074	35.787	816	35.942	822	38.230	38.185	871
	2	1.505.590	45.616	45.255	1.038	45.114	1.038	47.771	47.953	1.100
	3	3.089.751	51.667	51.621	1.190	51.442	1.190	55.028	54.697	1.260
	4	765.172	39.470	39.464	904	39.466	907	41.631	41.558	952
	5	550.746	33.049	33.045	754	32.950	754	34.870	34.674	791
	6	520.635	32.423	32.309	737	32.214	737	34.870	34.674	791
	7	512.007	32.868	32.741	747	32.654	747	33.915	33.978	775
	8	619.097	35.109	35.127	802	35.026	802	36.787	36.808	841
	9	1.741.956	54.326	54.390	1.252	54.196	1.252	56.895	56.835	1.308
	9	1.004.125	54.080	54.134	1.247	53.902	1.247	57.466	57.239	1.318
	10	773.152	44.334	44.405	1.016	44.269	1.016	44.999	44.833	1.026
	11	1.314.591	42.553	42.699	977	42.565	977	43.335	43.177	988
	12	679.141	36.906	36.864	842	36.753	842	37.357	37.375	854
	13	623.289	29.792	29.823	680	29.739	680	30.269	30.003	684
	14	202.759	19.491	19.526	450	19.377	450	20.897	20.866	483
	15	283.205	24.420	24.281	552	24.213	552	24.153	24.194	550
	16	484.792	32.980	33.123	757	33.027	757	33.016	32.961	753

Tab. F.22: Krümmungsradius R0, berechnet mit elastischen und viskoelastischen Ansätzen, Modell kreissymetrische Platte mit Topflast (Strecke S3, Messtermin 1 bis 4)

Mess-termin	Remark Nr.	Platte mit Topflast								
		$R0_{el}$	$R0_{KV}$	$R0_{PT\ (ges)}$	$R0_{PT\ (Asph)}$	$R0_{BM\ (ges)}$	$R0_{BM\ (Asph)}$	$R0_{KV(5)}$	$R0_{KV(5),F\ (ges)}$	$R0_{KV(5),F\ (Asph)}$
5	1	738.479	41.698	41.215	944	40.956	941	41.609	41.611	953
	2	2.111.153	52.945	52.648	1.214	53.819	1.248	52.876	52.953	1.222
	3		72.141	72.411	1.695	72.417	1.703	72.348	72.061	1.686
	4	1.079.727	48.471	47.942	1.105	47.556	1.100	48.382	48.470	1.118
	5	765.987	38.856	38.821	889	39.202	901	38.862	38.892	891
	6	863.719	41.565	41.113	942	41.235	948	41.619	41.461	951
	7	1.707.536	41.501	41.778	958	40.878	940	41.506	41.406	949
	8	1.221.872	45.628	45.597	1.047	45.293	1.047	45.755	45.876	1.054
	9	2.459.362	67.762	67.582	1.573	65.287	1.527	67.727	67.630	1.574
	10	2.021.978	59.517	59.773	1.384	59.266	1.378	59.371	59.445	1.376
	11	2.081.156	53.244	52.974	1.222	52.994	1.228	53.095	53.089	1.225
	12	2.703.728	45.951	46.047	1.058	45.886	1.058	46.485	46.394	1.066
	13	918.162	36.346	36.251	829	36.136	829	36.371	36.245	828
	14	269.188	25.950	25.704	590	25.752	593	38.131	25.442	583
	15	625.200	29.287	29.063	661	28.980	661	37.406	29.360	668
	16	794.943	40.973	41.389	949	41.243	949	37.129	41.010	940
6	2	1.781.733	50.321	50.387	1.160	53.250	1.234	50.434	50.420	1.161
	3	5.422.302	64.139	63.963	1.488	65.618	1.537	64.386	64.245	1.495
	4	966.010	48.195	47.832	1.102	50.765	1.178	48.119	47.979	1.106
	5	646.013	37.563	37.300	855	37.920	873	37.636	37.686	864
	6	770.372	37.055	36.834	843	37.453	861	37.127	37.170	852
	7	1.154.403	39.090	39.029	894	39.649	912	39.138	39.062	895
	8	1.154.811	46.449	46.215	1.064	47.619	1.102	46.527	46.253	1.065
	9	1.970.846	65.774	65.871	1.532	67.483	1.580	65.827	65.850	1.532
	10	2.501.270	64.416	63.951	1.486	65.608	1.534	64.579	64.396	1.497
	11	1.553.573	49.143	48.691	1.121	50.707	1.174	49.190	49.055	1.130
	12	1.155.110	47.677	47.452	1.092	49.166	1.138	47.704	47.583	1.095
	13	774.424	33.106	33.128	757	33.931	778	33.057	33.071	755
	14	300.014	25.464	25.458	584	25.758	594	25.417	25.511	586
7	2	637.945	30.827	31.154	711	31.073	711	31.050	31.158	711
	3	1.659.981	34.256	34.143	781	34.155	783	34.058	34.380	786
	4	1.180.138	28.599	28.517	651	28.560	654	28.500	28.508	651
	5	992.445	26.958	26.646	610	26.691	613	26.915	26.520	607
	6	901.760	24.010	23.763	541	23.690	541	23.933	23.621	538
	7	962.040	25.512	25.543	583	25.583	586	25.520	25.534	583
	8	1.315.419	29.182	29.095	665	29.014	665	29.367	29.128	666
	9	352.611	38.079	38.364	876	38.257	876	36.575	36.816	839
	10	714.101	37.777	37.837	864	37.718	864	37.656	37.782	863
	11	728.334	33.371	33.406	762	33.431	765	33.401	33.474	763
	12	1.465.198	30.416	30.294	691	29.435	674	30.594	30.680	700
	13	1.094.320	23.787	23.660	540	23.333	534	23.488	23.589	538
	14	441.496	16.938	16.850	399	16.485	393	16.887	16.976	402
	15	595.831	19.889	19.676	449	19.964	457	19.824	19.926	455
	16	1.059.449	26.257	26.066	594	26.169	600	25.896	26.102	595

Tab. F.23: Krümmungsradius R0, berechnet mit elastischen und viskoelastischen Ansätzen, Modell kreissymetrische Platte mit Topflast (Strecke S3, Messtermin 5 bis 7)

Mess-termin	Remark Nr.	Platte mit Einzelkraft [1/m]								
		$R0_{el}$	$R0_{KV}$	$R0_{PT\,(ges)}$	$R0_{PT\,(Asph)}$	$R0_{BM\,(ges)}$	$R0_{BM\,(Asph)}$	$R0_{KV(5)}$	$R0_{KV(5),F\,(ges)}$	$R0_{KV(5),F\,(Asph)}$
1	2	4.296	241	241	5	237	5	241	239	5
	3	7.659	260	261	6	257	6	259	259	6
	4	2.822	196	195	4	193	4	202	202	5
	5	2.692	182	182	4	175	4	183	179	4
	6	2.658	185	185	4	181	4	187	184	4
	7	2.570	184	183	4	180	4	184	183	4
	8	3.261	195	195	4	186	4	192	190	4
	9	2.823	329	328	8	322	7	323	324	7
	10	4.228	300	300	7	287	7	296	296	7
	11	4.551	260	261	6	252	6	259	259	6
	12	3.457	217	216	5	209	5	218	219	5
	13	3.158	175	174	4	173	4	177	175	4
	14	1.220	135	134	3	133	3	134	133	3
	15	1.561	153	153	3	151	3	152	152	3
	16	2.781	204	204	5	204	5	204	203	5
2	1	5.555	290	289	7	286	7	288	288	7
	2	8.018	337	336	8	333	8	334	335	8
	3	12.105	354	351	8	344	8	352	352	8
	4	11.167	326	326	7	325	7	328	329	8
	5	10.028	294	293	7	293	7	293	292	7
	6	8.035	275	273	6	273	6	274	272	6
	7	10.176	298	299	7	300	7	299	298	7
	8	14.345	336	338	8	335	8	339	336	8
	9	4.535	433	432	10	419	10	432	428	10
	10	10.217	416	419	10	413	10	422	423	10
	11	8.116	366	365	8	362	8	372	367	8
	12	11.913	308	307	7	307	7	312	309	7
	13	10.022	241	243	6	238	5	241	243	6
	14	6.934	172	171	4	169	4	172	172	4
	15	4.565	216	214	5	215	5	218	215	5
	16	12.629	320	319	7	319	7	319	319	7
3	1	2.893	200	201	5	201	5	200	200	5
	2	5.554	232	233	5	232	5	232	234	5
	3	4.032	238	236	5	238	5	236	237	5
	4	2.763	203	205	5	205	5	205	206	5
	5	2.745	201	200	5	200	5	203	201	5
	6	2.649	192	192	4	191	4	193	193	4
	7	2.757	199	199	5	198	5	200	199	5
	8	3.481	220	217	5	222	5	221	221	5
	9	2.913	295	297	7	297	7	295	295	7
	10	5.705	290	290	7	290	7	291	292	7
	11	3.838	254	256	6	256	6	257	258	6
	12	3.733	230	229	5	228	5	230	230	5
	13	2.804	175	175	4	174	4	175	176	4
	14	1.199	134	135	3	135	3	137	136	3
	15	1.627	158	157	4	157	4	156	158	4
	16	3.085	223	225	5	226	5	224	224	5
4	1	4.006	265	263	6	264	6	281	280	6
	2	11.056	335	332	8	331	8	351	352	8
	3	16.742	379	379	9	378	9	404	402	9
	4	5.619	290	290	7	290	7	306	305	7
	5	4.044	243	243	6	242	6	256	255	6
	6	3.823	238	237	5	237	5	256	255	6
	7	3.760	241	240	5	240	5	249	250	6
	8	4.546	258	258	6	257	6	270	270	6
	9	12.792	399	399	9	398	9	418	417	10
	9	7.374	397	398	9	396	9	422	420	10
	10	5.678	326	326	7	325	7	330	329	8
	11	9.654	312	314	7	313	7	318	317	7
	12	4.987	271	271	6	270	6	274	274	6
	13	4.577	219	219	5	218	5	222	220	5
	14	1.489	143	143	3	142	3	153	153	4
	15	2.080	179	178	4	178	4	177	178	4
	16	3.560	242	243	6	243	6	242	242	6

Tab. F.24: Krümmungsradius R0, berechnet mit elastischen und viskoelastischen Ansätzen, Modell kreissymetrische Platte mit Einzellast (Strecke S3, Messtermin 1 bis 4)

Messtermin	Remark Nr.	Platte mit Einzelkraft [1/m]								
		$R0_{el}$	$R0_{KV}$	$R0_{PT (ges)}$	$R0_{PT (Asph)}$	$R0_{BM (ges)}$	$R0_{BM (Asph)}$	$R0_{KV(5)}$	$R0_{KV(5),F (ges)}$	$R0_{KV(5),F (Asph)}$
5	1	6.159	348	344	8	342	8	347	347	8
	2	17.607	442	439	10	449	10	441	442	10
	3		602	604	14	604	14	603	601	14
	4	9.005	404	400	9	397	9	404	404	9
	5	6.388	324	324	7	327	8	324	324	7
	6	7.203	347	343	8	344	8	347	346	8
	7	14.241	346	348	8	341	8	346	345	8
	8	10.190	381	380	9	378	9	382	383	9
	9	20.511	565	564	13	544	13	565	564	13
	10	16.863	496	499	12	494	11	495	496	11
	11	17.357	444	442	10	442	10	443	443	10
	12	22.549	383	384	9	383	9	388	387	9
	13	7.657	303	302	7	301	7	303	302	7
	14	2.245	216	214	5	215	5	318	212	5
	15	5.214	244	242	6	242	6	312	245	6
	16	6.630	342	345	8	344	8	310	342	8
6	2	18.009	509	509	12	538	12	510	510	12
	3	54.805	648	646	15	663	16	651	649	15
	4	9.764	487	483	11	513	12	486	485	11
	5	6.529	380	377	9	383	9	380	381	9
	6	7.786	375	372	9	379	9	375	376	9
	7	11.668	395	394	9	401	9	396	395	9
	8	11.672	469	467	11	481	11	470	467	11
	9	19.920	665	666	15	682	16	665	666	15
	10	25.281	651	646	15	663	16	653	651	15
	11	15.702	497	492	11	513	12	497	496	11
	12	11.675	482	480	11	497	11	482	481	11
	13	7.827	335	335	8	343	8	334	334	8
	14	3.032	257	257	6	260	6	257	258	6
7	2	5.475	265	267	6	267	6	266	267	6
	3	14.246	294	293	7	293	7	292	295	7
	4	10.128	245	245	6	245	6	245	245	6
	5	8.517	231	229	5	229	5	231	228	5
	6	7.739	206	204	5	203	5	205	203	5
	7	8.256	219	219	5	220	5	219	219	5
	8	11.289	250	250	6	249	6	252	250	6
	9	3.026	327	329	8	328	8	314	316	7
	10	6.128	324	325	7	324	7	323	324	7
	11	6.250	286	287	7	287	7	287	287	7
	12	12.475	261	260	6	253	6	263	263	6
	13	9.391	204	203	5	200	5	202	202	5
	14	3.786	145	145	3	141	3	145	146	3
	15	5.113	171	169	4	171	4	170	171	4
	16	9.092	225	224	5	225	5	222	224	5

Tab. F.25: Krümmungsradius R0, berechnet mit elastischen und viskoelastischen Ansätzen, Modell kreissymetrische Platte mit Einzellast (Strecke S3, Messtermin 5 bis 7)

F.3 Ergebnisse der Regressionsanalyse

Feld 1	E_{KV}	E_{PT}		E_{BM}		$E_{KV(5)}$	$E_{KV(5)F}$		E_{el}
	Gesamtmodell	Gesamtmodell	Asphaltmodell	Gesamtmodell	Asphaltmodell	Gesamtmodell	Gesamtmodell	Asphaltmodell	Asphaltmodell
$R0_g$	70,0%	70,0%	69,0%	68,4%	67,4%	70,2%	74,0%	73,1%	19,7%
$R0_{Je}$	74,6%	74,9%	75,0%	74,1%	74,1%	74,6%	77,4%	77,6%	39,2%
$R0_{Gr}$	64,8%	65,1%	64,4%	64,4%	63,7%	64,9%	67,1%	66,4%	13,8%

Feld 2	E_{KV}	E_{PT}		E_{BM}		$E_{KV(5)}$	$E_{KV(5)F}$		E_{el}
	Gesamtmodell	Gesamtmodell	Asphaltmodell	Gesamtmodell	Asphaltmodell	Gesamtmodell	Gesamtmodell	Asphaltmodell	Asphaltmodell
$R0_g$	57,2%	57,5%	57,9%	58,1%	58,4%	56,5%	57,0%	57,3%	11,8%
$R0_{Je}$	40,0%	40,4%	40,3%	41,1%	41,0%	39,8%	40,3%	10,1%	3,0%
$R0_{Gr}$	39,4%	39,6%	39,8%	40,1%	40,1%	38,7%	38,7%	38,7%	13,6%

Feld 3	E_{KV}	E_{PT}		E_{BM}		$E_{KV(5)}$	$E_{KV(5)F}$		E_{el}
	Gesamtmodell	Gesamtmodell	Asphaltmodell	Gesamtmodell	Asphaltmodell	Gesamtmodell	Gesamtmodell	Asphaltmodell	Asphaltmodell
$R0_g$	70,2%	71,0%	71,2%	70,9%	71,1%	71,3%	69,8%	70,0%	44,4%
$R0_{Je}$	65,1%	65,7%	65,7%	65,5%	65,4%	65,5%	64,3%	64,2%	28,6%
$R0_{Gr}$	42,4%	42,7%	43,2%	42,5%	43,0%	43,0%	41,2%	41,7%	72,7%

Feld 4	E_{KV}	E_{PT}		E_{BM}		$E_{KV(5)}$	$E_{KV(5)F}$		E_{el}
	Gesamtmodell	Gesamtmodell	Asphaltmodell	Gesamtmodell	Asphaltmodell	Gesamtmodell	Gesamtmodell	Asphaltmodell	Asphaltmodell
$R0_g$	39,6%	40,0%	41,3%	41,0%	42,3%	39,5%	40,5%	41,8%	64,0%
$R0_{Je}$	35,5%	35,8%	37,3%	37,1%	38,6%	35,1%	36,2%	37,8%	56,7%
$R0_{Gr}$	13,3%	13,6%	14,5%	14,2%	15,2%	13,3%	13,9%	14,9%	69,2%

Feld 5	E_{KV}	E_{PT}		E_{BM}		$E_{KV(5)}$	$E_{KV(5)F}$		E_{el}
	Gesamtmodell	Gesamtmodell	Asphaltmodell	Gesamtmodell	Asphaltmodell	Gesamtmodell	Gesamtmodell	Asphaltmodell	Asphaltmodell
$R0_g$	9,2%	9,8%	8,5%	9,8%	8,5%	10,4%	8,7%	7,5%	8,3%
$R0_{Je}$	4,1%	4,5%	3,8%	4,6%	3,8%	4,9%	4,2%	3,5%	15,8%
$R0_{Gr}$	30,4%	31,1%	29,3%	31,4%	29,6%	31,9%	30,8%	28,9%	22,2%

Feld 6	E_{KV}	E_{PT}		E_{BM}		$E_{KV(5)}$	$E_{KV(5)F}$		E_{el}
	Gesamtmodell	Gesamtmodell	Asphaltmodell	Gesamtmodell	Asphaltmodell	Gesamtmodell	Gesamtmodell	Asphaltmodell	Asphaltmodell
$R0_g$	0,4%	0,4%	0,4%	0,2%	0,2%	0,4%	0,4%	0,4%	12,6%
$R0_{Je}$	0,0%	0,1%	0,1%	0,0%	0,0%	0,0%	0,1%	0,1%	28,8%
$R0_{Gr}$	27,7%	26,9%	26,9%	28,0%	27,9%	27,5%	26,9%	26,9%	23,5%

Tab. F.26: Bestimmtheitsmaß der Korrelation zwischen dem Krümmungsradius $R0_{emp}$ und dem E-Modul E_{mech} (Strecke S1, Feld 1 bis Feld 6)

	E_{KV}	E_{PT}		E_{BM}		$E_{KV(5)}$	$E_{KV(5)F}$		E_{el}
	Gesamtmodell	Gesamtmodell	Asphaltmodell	Gesamtmodell	Asphaltmodell	Gesamtmodell	Gesamtmodell	Asphaltmodell	Asphaltmodell
$R0_g$	60,7%	59,8%	59,5%	60,6%	59,9%	62,0%	61,4%	60,7%	58,0%
$R0_{Je}$	41,1%	40,3%	40,1%	41,0%	40,5%	42,1%	41,4%	40,9%	36,3%
$R0_{Gr}$	45,0%	44,8%	44,1%	44,9%	44,2%	47,0%	46,3%	45,6%	60,1%

Tab. F.27: Bestimmtheitsmaß der Korrelation zwischen dem Krümmungsradius $R0_{emp}$ und dem E-Modul E_{mech} (Strecke S2)

7. MT	E_{KV}	E_{PT}		E_{BM}		$E_{KV(5)}$	$E_{KV(5)F}$		E_{el}
	Gesamtmodell	Gesamtmodell	Asphaltmodell	Gesamtmodell	Asphaltmodell	Gesamtmodell	Gesamtmodell	Asphaltmodell	Asphaltmodell
$R0_g$	67,1%	66,6%	65,9%	67,8%	67,2%	72,1%	71,3%	70,9%	27,4%
$R0_{Je}$	61,9%	61,5%	60,8%	62,7%	62,2%	66,8%	66,2%	65,8%	27,9%
$R0_{Gr}$	24,4%	24,0%	23,9%	24,3%	24,2%	29,8%	29,3%	29,5%	54,1%

6. MT	E_{KV}	E_{PT}		E_{BM}		$E_{KV(5)}$	$E_{KV(5)F}$		E_{el}
	Gesamtmodell	Gesamtmodell	Asphaltmodell	Gesamtmodell	Asphaltmodell	Gesamtmodell	Gesamtmodell	Asphaltmodell	Asphaltmodell
$R0_g$	80,6%	80,1%	80,0%	82,4%	82,3%	80,5%	80,3%	80,2%	40,6%
$R0_{Je}$	65,7%	65,2%	65,1%	67,9%	67,9%	65,7%	65,5%	65,4%	26,3%
$R0_{Gr}$	28,1%	27,8%	27,8%	29,6%	29,7%	28,1%	27,9%	27,9%	42,1%

5. MT	E_{KV}	E_{PT}		E_{BM}		$E_{KV(5)}$	$E_{KV(5)F}$		E_{el}
	Gesamtmodell	Gesamtmodell	Asphaltmodell	Gesamtmodell	Asphaltmodell	Gesamtmodell	Gesamtmodell	Asphaltmodell	Asphaltmodell
$R0_g$	76,0%	76,2%	76,3%	76,8%	77,0%	76,9%	77,0%	77,1%	53,4%
$R0_{Je}$	57,0%	57,1%	57,2%	57,9%	58,1%	57,9%	58,1%	58,3%	37,1%
$R0_{Gr}$	29,6%	30,1%	30,3%	31,1%	31,3%	31,1%	31,2%	31,3%	57,7%

4. MT	E_{KV}	E_{PT}		E_{BM}		$E_{KV(5)}$	$E_{KV(5)F}$		E_{el}
	Gesamtmodell	Gesamtmodell	Asphaltmodell	Gesamtmodell	Asphaltmodell	Gesamtmodell	Gesamtmodell	Asphaltmodell	Asphaltmodell
$R0_g$	73,8%	72,7%	72,5%	71,7%	71,4%	74,4%	74,4%	74,3%	34,4%
$R0_{Je}$	54,6%	54,4%	54,2%	53,8%	53,5%	55,3%	55,5%	55,4%	22,7%
$R0_{Gr}$	19,1%	19,0%	18,9%	18,5%	18,4%	19,6%	19,6%	19,6%	41,7%

3. MT	E_{KV}	E_{PT}		E_{BM}		$E_{KV(5)}$	$E_{KV(5)F}$		E_{el}
	Gesamtmodell	Gesamtmodell	Asphaltmodell	Gesamtmodell	Asphaltmodell	Gesamtmodell	Gesamtmodell	Asphaltmodell	Asphaltmodell
$R0_g$	72,5%	73,1%	73,5%	71,3%	71,6%	72,2%	71,8%	72,2%	23,1%
$R0_{Je}$	64,3%	65,3%	65,8%	63,2%	63,6%	64,0%	63,4%	63,9%	20,4%
$R0_{Gr}$	25,7%	26,2%	26,8%	24,5%	25,0%	25,4%	25,2%	25,7%	46,4%

2. MT	E_{KV}	E_{PT}		E_{BM}		$E_{KV(5)}$	$E_{KV(5)F}$		E_{el}
	Gesamtmodell	Gesamtmodell	Asphaltmodell	Gesamtmodell	Asphaltmodell	Gesamtmodell	Gesamtmodell	Asphaltmodell	Asphaltmodell
$R0_g$	54,8%	55,3%	54,8%	56,7%	56,2%	56,0%	57,2%	56,8%	26,3%
$R0_{Je}$	56,6%	57,2%	56,3%	57,1%	56,2%	57,9%	58,2%	57,3%	9,7%
$R0_{Gr}$	24,1%	24,8%	24,6%	25,5%	25,3%	25,2%	26,3%	26,1%	66,8%

1. MT	E_{KV}	E_{PT}		E_{BM}		$E_{KV(5)}$	$E_{KV(5)F}$		E_{el}
	Gesamtmodell	Gesamtmodell	Asphaltmodell	Gesamtmodell	Asphaltmodell	Gesamtmodell	Gesamtmodell	Asphaltmodell	Asphaltmodell
$R0_g$	65,6%	65,9%	65,4%	67,2%	66,7%	68,2%	67,2%	66,8%	3,4%
$R0_{Je}$	55,6%	55,8%	55,5%	57,8%	57,5%	57,9%	56,9%	56,6%	1,1%
$R0_{Gr}$	19,8%	20,0%	19,9%	21,3%	21,3%	22,5%	22,2%	22,3%	15,1%

Tab. F.28: Bestimmtheitsmaß der Korrelation zwischen dem Krümmungsradius $R0_{emp}$ und dem E-Modul E_{mech} (Strecke S3, Messtermin 1 bis 7)

Feld 1	**$R0_{KV}$**	**$R0_{PT}$**		**$R0_{BM}$**		**$R0_{KV(5)}$**	**$R0_{KV(5)F}$**		**$R0_{el}$**
	Gesamtmodell	Gesamtmodell	Asphaltmodell	Gesamtmodell	Asphaltmodell	Gesamtmodell	Gesamtmodell	Asphaltmodell	Asphaltmodell
$R0_g$	72,4%	72,5%	71,3%	70,2%	69,7%	75,2%	75,7%	74,6%	3,3%
$R0_{Je}$	76,6%	76,7%	76,9%	75,0%	75,9%	78,4%	78,3%	78,8%	3,2%
$R0_{Gr}$	65,1%	65,5%	64,8%	64,3%	64,1%	66,1%	66,7%	66,2%	5,5%

Feld 2	**$R0_{KV}$**	**$R0_{PT}$**		**$R0_{BM}$**		**$R0_{KV(5)}$**	**$R0_{KV(5)F}$**		**$R0_{el}$**
	Gesamtmodell	Gesamtmodell	Asphaltmodell	Gesamtmodell	Asphaltmodell	Gesamtmodell	Gesamtmodell	Asphaltmodell	Asphaltmodell
$R0_g$	61,4%	61,7%	60,2%	66,8%	60,7%	60,7%	61,3%	59,6%	21,2%
$R0_{Je}$	43,1%	43,4%	42,0%	50,4%	42,7%	42,8%	43,4%	41,8%	5,6%
$R0_{Gr}$	43,6%	43,9%	42,0%	48,0%	42,4%	43,0%	43,0%	41,0%	19,2%

Feld 3	**$R0_{KV}$**	**$R0_{PT}$**		**$R0_{BM}$**		**$R0_{KV(5)}$**	**$R0_{KV(5)F}$**		**$R0_{el}$**
	Gesamtmodell	Gesamtmodell	Asphaltmodell	Gesamtmodell	Asphaltmodell	Gesamtmodell	Gesamtmodell	Asphaltmodell	Asphaltmodell
$R0_g$	74,2%	75,0%	74,5%	74,0%	74,4%	75,3%	73,9%	73,4%	46,4%
$R0_{Je}$	70,5%	71,1%	70,0%	70,0%	69,8%	70,8%	69,8%	68,6%	30,6%
$R0_{Gr}$	44,3%	44,6%	44,7%	44,6%	44,6%	44,9%	43,2%	43,3%	74,5%

Feld 4	**$R0_{KV}$**	**$R0_{PT}$**		**$R0_{BM}$**		**$R0_{KV(5)}$**	**$R0_{KV(5)F}$**		**$R0_{el}$**
	Gesamtmodell	Gesamtmodell	Asphaltmodell	Gesamtmodell	Asphaltmodell	Gesamtmodell	Gesamtmodell	Asphaltmodell	Asphaltmodell
$R0_g$	39,1%	39,4%	41,0%	39,9%	42,0%	38,9%	39,8%	41,4%	67,8%
$R0_{Je}$	34,6%	34,9%	36,8%	35,5%	38,1%	34,1%	35,2%	37,2%	59,5%
$R0_{Gr}$	12,7%	13,0%	14,2%	13,3%	14,8%	13,7%	13,3%	14,5%	73,0%

Feld 5	**$R0_{KV}$**	**$R0_{PT}$**		**$R0_{BM}$**		**$R0_{KV(5)}$**	**$R0_{KV(5)F}$**		**$R0_{el}$**
	Gesamtmodell	Gesamtmodell	Asphaltmodell	Gesamtmodell	Asphaltmodell	Gesamtmodell	Gesamtmodell	Asphaltmodell	Asphaltmodell
$R0_g$	9,5%	10,1%	8,7%	8,1%	8,7%	10,7%	9,0%	7,6%	8,3%
$R0_{Je}$	4,3%	4,7%	3,9%	3,3%	3,9%	5,1%	4,3%	3,5%	15,9%
$R0_{Gr}$	12,7%	13,0%	14,2%	13,3%	14,8%	12,7%	13,3%	14,5%	22,1%

Feld 6	**$R0_{KV}$**	**$R0_{PT}$**		**$R0_{BM}$**		**$R0_{KV(5)}$**	**$R0_{KV(5)F}$**		**$R0_{el}$**
	Gesamtmodell	Gesamtmodell	Asphaltmodell	Gesamtmodell	Asphaltmodell	Gesamtmodell	Gesamtmodell	Asphaltmodell	Asphaltmodell
$R0_g$	0,9%	0,9%	0,8%	0,7%	0,6%	0,9%	0,9%	0,8%	13,2%
$R0_{Je}$	0,4%	0,4%	0,4%	0,4%	0,3%	0,4%	0,4%	0,4%	30,3%
$R0_{Gr}$	29,2%	29,9%	28,5%	26,3%	28,8%	30,6%	29,6%	28,1%	22,4%

Tab. F.29: Bestimmtheitsmaß der Korrelation zwischen dem Krümmungsradius $R0_{emp}$ und dem Krümmungsradius $R0_{mech}$ (Strecke S1, Feld 1 bis Feld 6)

	$R0_{KV}$	$R0_{PT}$		$R0_{BM}$		$R0_{KV(5)}$	$R0_{KV(5)F}$		$R0_{el}$
	Gesamtmodell	Gesamtmodell	Asphaltmodell	Gesamtmodell	Asphaltmodell	Gesamtmodell	Gesamtmodell	Asphaltmodell	Asphaltmodell
$R0_g$	68,9%	68,4%	68,2%	68,5%	68,3%	68,6%	67,9%	67,6%	58,3%
$R0_{Je}$	46,8%	46,5%	46,2%	46,6%	46,3%	46,7%	46,0%	45,8%	36,6%
$R0_{Gr}$	59,3%	58,2%	57,8%	58,5%	58,0%	58,9%	57,5%	57,1%	60,4%

Tab. F.30: Bestimmtheitsmaß der Korrelation zwischen dem Krümmungsradius $R0_{emp}$ und dem Krümmungsradius $R0_{mech}$ (Strecke S2)

7. MT	$R0_{KV}$	$R0_{PT}$		$R0_{BM}$		$R0_{KV(5)}$	$R0_{KV(5)F}$		$R0_{el}$
	Gesamtmodell	Gesamtmodell	Asphaltmodell	Gesamtmodell	Asphaltmodell	Gesamtmodell	Gesamtmodell	Asphaltmodell	Asphaltmodell
$R0_g$	67,8%	67,1%	66,5%	67,8%	67,3%	69,7%	68,5%	68,0%	24,5%
$R0_{Je}$	62,1%	61,5%	61,0%	62,4%	62,0%	64,0%	62,9%	62,5%	25,0%
$R0_{Gr}$	25,2%	24,6%	24,6%	24,3%	24,3%	27,2%	26,4%	26,6%	51,7%

6. MT	$R0_{KV}$	$R0_{PT}$		$R0_{BM}$		$R0_{KV(5)}$	$R0_{KV(5)F}$		$R0_{el}$
	Gesamtmodell	Gesamtmodell	Asphaltmodell	Gesamtmodell	Asphaltmodell	Gesamtmodell	Gesamtmodell	Asphaltmodell	Asphaltmodell
$R0_g$	84,9%	84,4%	84,2%	86,0%	85,9%	84,9%	84,5%	84,5%	47,4%
$R0_{Je}$	70,1%	69,4%	69,3%	71,3%	71,3%	70,0%	69,8%	69,7%	39,4%
$R0_{Gr}$	34,2%	33,6%	33,7%	34,8%	35,0%	34,1%	33,7%	33,8%	13,3%

5. MT	$R0_{KV}$	$R0_{PT}$		$R0_{BM}$		$R0_{KV(5)}$	$R0_{KV(5)F}$		$R0_{el}$
	Gesamtmodell	Gesamtmodell	Asphaltmodell	Gesamtmodell	Asphaltmodell	Gesamtmodell	Gesamtmodell	Asphaltmodell	Asphaltmodell
$R0_g$	75,5%	75,5%	75,6%	75,6%	75,8%	56,0%	75,4%	75,6%	8,6%
$R0_{Je}$	56,0%	55,9%	56,1%	56,2%	56,5%	40,3%	55,7%	55,9%	2,1%
$R0_{Gr}$	31,6%	31,9%	32,2%	32,7%	33,0%	20,4%	31,4%	31,6%	1,4%

4. MT	$R0_{KV}$	$R0_{PT}$		$R0_{BM}$		$R0_{KV(5)}$	$R0_{KV(5)F}$		$R0_{el}$
	Gesamtmodell	Gesamtmodell	Asphaltmodell	Gesamtmodell	Asphaltmodell	Gesamtmodell	Gesamtmodell	Asphaltmodell	Asphaltmodell
$R0_g$	76,0%	76,0%	76,1%	76,1%	76,2%	78,2%	78,2%	78,2%	51,1%
$R0_{Je}$	56,5%	56,5%	56,5%	56,6%	56,6%	59,0%	59,0%	59,0%	35,5%
$R0_{Gr}$	21,8%	22,1%	22,2%	22,0%	22,2%	23,7%	23,5%	23,6%	10,9%

3. MT	$R0_{KV}$	$R0_{PT}$		$R0_{BM}$		$R0_{KV(5)}$	$R0_{KV(5)F}$		$R0_{el}$
	Gesamtmodell	Gesamtmodell	Asphaltmodell	Gesamtmodell	Asphaltmodell	Gesamtmodell	Gesamtmodell	Asphaltmodell	Asphaltmodell
$R0_g$	75,8%	76,3%	76,9%	76,8%	77,4%	77,5%	76,6%	77,2%	26,5%
$R0_{Je}$	67,0%	67,9%	68,7%	68,3%	69,1%	69,0%	67,9%	68,6%	24,3%
$R0_{Gr}$	29,4%	29,9%	30,9%	30,5%	31,5%	31,3%	30,4%	31,4%	2,0%

2. MT	$R0_{KV}$	$R0_{PT}$		$R0_{BM}$		$R0_{KV(5)}$	$R0_{KV(5)F}$		$R0_{el}$
	Gesamtmodell	Gesamtmodell	Asphaltmodell	Gesamtmodell	Asphaltmodell	Gesamtmodell	Gesamtmodell	Asphaltmodell	Asphaltmodell
$R0_g$	62,7%	62,8%	62,8%	64,5%	64,5%	61,8%	63,0%	62,9%	22,4%
$R0_{Je}$	58,4%	58,8%	58,1%	59,6%	58,9%	58,3%	58,5%	57,8%	63,7%
$R0_{Gr}$	32,4%	32,8%	32,9%	34,4%	34,7%	32,1%	33,3%	33,5%	63,7%

1. MT	$R0_{KV}$	$R0_{PT}$		$R0_{BM}$		$R0_{KV(5)}$	$R0_{KV(5)F}$		$R0_{el}$
	Gesamtmodell	Gesamtmodell	Asphaltmodell	Gesamtmodell	Asphaltmodell	Gesamtmodell	Gesamtmodell	Asphaltmodell	Asphaltmodell
$R0_g$	63,7%	63,9%	63,4%	63,3%	62,9%	61,5%	64,2%	63,6%	49,4%
$R0_{Je}$	54,4%	54,6%	54,3%	54,4%	54,1%	55,7%	54,8%	54,4%	40,7%
$R0_{Gr}$	19,4%	19,6%	19,5%	19,3%	19,4%	20,7%	20,3%	20,3%	15,4%

Tab. F.31: Bestimmtheitsmaß der Korrelation zwischen dem Krümmungsradius $R0_{emp}$ und dem Krümmungsradius $R0_{mech}$ (Strecke S3, Messtermin 1 bis 7)

Veröffentlichungen des Institutes für Straßen- und Eisenbahnwesen

Herausgeber: Univ.-Prof. Dr.-Ing. Dr. h. c. Ralf Roos

* Band 1 Rüdiger Lamm
Die Gefährdungswahrscheinlichkeit – Ein Beitrag zur Untersuchung von Straßenknoten ohne Lichtsignalregelung. 1968

* Band 2 Hans Günter Krebs, Rüdiger Lamm, Rolf Heinemann
Verschleiß und temperaturabhängige Verformungen von Tragschichten mit Oberflächenschutz unter der Straßenprüfanlage. 1969

Band 3 Wolfgang Arand
Dichte im Asphaltstraßenbau. 1969

Band 4 Manfred Pilger
Untersuchungen über die Leistungsfähigkeit zweigleisiger Eisenbahnstrecken mit Mischbetrieb zwischen S-Bahnen und Fernbahnen. 1970

* Band 5 Klaus Kraß
Kriechuntersuchungen an zylindrischen Asphaltprobekörpern. 1971

* Band 6 Rolf Heinemann, Heinrich E. Herring, Jürgen H. Klöckner, Rüdiger Lamm, Rolf Leutner, Hans Gg. Schlichter
Geschwindigkeit, Fahrdynamik, Sicherheit. 1971

Band 7 Wolfgang Arand
Der bituminöse Mörtel. 1971

Band 8 Ernst Joachim Vater
Viskoelastisches Verhalten von Destillationsbitumen. 1972

Band 9 Rolf Heinemann
Schleppkurven – Funktionale Erfassung und Anwendung auf die Fahrbahngeometrie. 1972

Band 10 Hans Günter Krebs, Wolfgang Arand
Forschung zwischen Fahrdynamik und Asphaltstraßenbau. 1973

* vergriffen

Band 11 Rüdiger Lamm
Fahrdynamik und Streckencharakteristik
Ein Beitrag zum Entwurf von Straßen unter besonderer Berücksichtigung der Geschwindigkeit. 1973

Band 12 Rolf Leutner
Fahrraum und Fahrverhalten. 1974

Band 13 Hanns Cronen
Nutzen aus der Steigerung der Reisegeschwindigkeit im Personenfernverkehr auf der Schiene. 1975

Band 14 Institut für Straßenbau und Eisenbahnwesen
1965 – 1975
Wissenschaftliche Beiträge und Tätigkeitsbericht. 1975

Band 15 Jürgen Heinz Klöckner
Sachschäden von Straßenverkehrsunfällen als Bewertungsgröße in der Unfallstatistik. 1976

Band 16 Peter Kupke
Simulatorexperimente zum trassenabhängigen Fahrverhalten und Überprüfen der Linienführung. 1977

Band 17 Helmut Naumann
Entwicklung eines Programmsystems zur Herstellung von computererzeugten Perspektivfilmen. 1977

Band 18 Seminar für Verkehrswegebau, Sommersemester 1978
Gemeinsame Nutzung des Wolfacher Eisenbahntunnels für Schienen- und Straßenverkehr. 1979

Band 19 Alpay Dengiz
Relaxationsverhalten von Asphaltprobekörpern im einaxialen Zugversuch. 1980

Band 20 Wolfgang Jäger
Mechanisches Verhalten von Asphaltprobekörpern. 1980

Band 21 Ulrich Weißleder
Simulation eines neuartigen Betriebssystems für hochbelastete Eisenbahnstrecken. 1980

* vergriffen

Band 22 Institut für Straßenbau und Eisenbahnwesen
1965 – 1980
Wissenschaftliche Beiträge und Tätigkeitsberichte. 1980

Band 23 Ulrich Oser
Stochastisches Modell zur Analyse und Simulation des rechnergesteuerten Ablaufbetriebes in Rangierbahnhöfen. 1981

Band 24 Hans Günter Krebs, Gerhard Bernstein, Harald Timm
Der Bau neuer Eisenbahnstrecken aus der Sicht der Bevölkerung. 1981

Band 25 Nicola Damianoff
Beeinflussung und Schätzung von Fahrgeschwindigkeiten in Kurven. 1981

* Band 26 Klaus Dieterle
Fahrzeugverhalten auf nasser Fahrbahn. 1982

* Band 27 Jürgen Schneider
Unfallanalytische und fahrdynamische Beurteilung der negativen Querneigung. 1982

Band 28 Ernst-Ulrich Hiersche
Straße und Denkmal. 1983

Band 29 Willy Pastorini
Nachfrageorientierte Produktionskonzepte für den kombinierten Ladungsverkehr. 1985

Band 30 Hans Gg. Schlichter
Räumliche Linienführung von Verkehrswegen. 1985

Band 31 Alex Stefan Schilcher
Laufverhalten von Abläufen bei der Laufzielbremsung. 1985

Band 32 Norbert Weiland
Verformungsverhalten von Asphaltprobekörpern unter dynamischer Belastung. 1986

Band 33 Festschrift Krebs
Beiträge zum Umweltschutz und zur Verkehrssicherheit. 1986

* vergriffen

Band 34 Achim Taubmann
Unfallgeschehen innerhalb bebauter Gebiete in Abhängigkeit von Straßenund Verkehrsbedingungen. 1987

* Band 35 Thomas Wörner
Umweltverträglichkeit alternativer Baustoffe für den Straßenbau. 1988

Band 36 Bernhard Tenzinger
Einflußfaktoren auf das Unfallgeschehen unter besonderer Berücksichtigung der Fahrbahn. 1989

* Band 37 Kyriakos Vassiliou
Bautechnische Eigenschaften von ungebundenen Tragschichten aus wiederverwendbaren Baustoffen. 1989

Band 38 Reinhard Bickelhaupt
Beurteilung des dreistreifigen Querschnittstyps b2+1 unter besonderer Berücksichtigung des Schwerverkehrs. 1991

Band 39 Walter Gerstner
Einsatzstrategien für Beidrücklokomotiven. 1991

* Band 40 **ISE-Festschrift (1981 – 1991).** 1992

Band 41 Schi-Juehn Lin
Steuerung des Hohlraumgehaltes von Dränasphalt im Hinblick auf die Optimierung seiner bautechnischen Eigenschaften. 1993

Band 42 Markus Stöckner
Möglichkeiten der Errichtung eines integrierten und zertifizierbaren Qualitätsmanagementsystems für Asphaltmischanlagen. 1994

Band 43 Honoré Codjia
Erarbeitung eines Bewertungshintergrundes für das Prüfverfahren „Schichtenverbund nach LEUTNER" und Bestimmung der Präzision. 1994

Band 44 Delia Brocke
Eisenbahnbedingter Straßenpersonenverkehr in Einzugsbereichen von Bahnhöfen. 1995

* vergriffen

Band 45 Shafik Jendia
Bewertung der Tragfähigkeit von bituminösen Straßenbefestigungen. 1995

Band 46 Martin Kiuntke
Bewährung von Asphaltbefestigungen mit hohen Anteilen von Ausbauasphalt. 1996

Band 47 Jürgen Reichelt
Mineralogische Aspekte bautechnischer und umweltrelevanter Eigenschaften von Müllverbrennungsschlacken. 1996

Band 48 Bernd Bühler
Realisierung eines geräuschabsorbierenden Asphaltoberbaus unter Einführung der Kennwertsynthese als multikriteriale Entscheidungshilfe. 1996

Band 49 **ISE-Festschrift (1992 – 1996).** 1996

Band 50 Wolfgang Lackner
Untersuchung von Zusammenhängen zwischen Ebenheitsmerkmalen und Tragfähigkeitseigenschaften von Straßen im Hinblick auf die Minimierung des Aufwandes bei der Zustandserfassung. 1999

Band 51 Matthias Zimmermann
Quantitative Methoden zur Beurteilung räumlicher Linienführung von Straßen. 2001

Band 52 Andreas Großmann
Bewertung des Tragverhaltens von Betonfahrbahnen basierend auf Messungen mit dem Falling Weight Deflectometer. 2003

Band 53 Axel Norkauer
Beurteilung von Maßnahmen zur Staureduktion bei Arbeitsstellen Kürzerer Dauer auf Bundesautobahnen. 2004

Band 54 Carsten Karcher
Prognose und Bewertung des Verformungsverhaltens von Asphalten mit dem Druckschwellversuch am Beispiel des Splittmastixasphalt. 2005

* vergriffen

Band 55 Rainer Hess
Optimierte Planung von Arbeitsstellen an Autobahnen auf der Grundlage verkehrlicher Überlastungswahrscheinlichkeiten. 2006

Band 56 Thorsten Cypra
Entwicklung einer Entscheidungsmethode für Maßnahmen im Winterdienst auf hochbelasteten Bundesautobahnen. 2007

Band 57 v. Loeben Wolf-Henrik
Überprüfung eines funktionalen Zusammenhanges zwischen der Fahrbahntextur und dem erzielbaren Bremsweg. 2007

Ab Band 58 erscheint die Reihe bei KIT Scientific Publishing, ISSN 1860-093X.

Die Bände sind unter www.ksp.kit.edu als PDF frei verfügbar
oder als Druckausgabe bestellbar.

Band 58 Leyla Chakar
Optimierung des Verformungswiderstandes von Splittmastixasphalt durch Modifikation mit Elektroofenschlacke. 2009

Band 59 Thomas Chakar
Methode zur Klassifizierung von Tragfähigkeitsmessergebnissen des Falling Weight Deflectometers bei Asphaltbefestigungen. 2010

Band 60 Plachkova-Dzhurova, Plamena Nedeva
Über den Zusammenhang von Tragfähigkeitsmessergebnissen mit mechanischen Modellgrößen bei Asphaltstraßen. 2016

* vergriffen